电力电缆技能培训系列实用教材

电力电缆基础知识及施工技术

主　编　毛　源

副主编　隆　茂　刘　鹏

主　审　甘开毅　刘宁东　曾　琰

黄河水利出版社

·郑州·

内 容 提 要

本书作为电力电缆技能培训系列实用教材,立足于高职高专应用型教育及生产一线员工返校培训这一特点,以"基础理论足够、重视实践教学、加强动手能力培训"为指导思想进行编写。本书共分四章。第一章电力电缆的结构认识,主要介绍了电缆的结构型号、性能、电场分布及绝缘材料等;第二章电力电缆线路的敷设,主要介绍了电缆施工中不同敷设方式的特点、技术要求以及敷设方法;第三章电力电缆终端头和中间接头的基础知识,主要介绍了附件安装所使用的工器具、规程规范和技术要求;第四章电力电缆终端头和中间接头的制作与安装,主要介绍了中、低压的冷、热缩附件安装和高压的预制附件安装。本书可与电力电缆技能培训系列实用教材《电力电缆试验检测及运维检修》配套使用。

本书内容丰富,图文并茂,主要适用于电力电缆从业人员,也可供相关专业高职高专学生、生产一线技术人员阅读参考。

图书在版编目(CIP)数据

电力电缆基础知识及施工技术/毛源主编. —郑州:
黄河水利出版社,2021.11
电力电缆技能培训系列实用教材
ISBN 978-7-5509-3163-3

Ⅰ.①电… Ⅱ.①毛… Ⅲ.①电力电缆-高等职业教育-技术 Ⅳ.①TM247

中国版本图书馆 CIP 数据核字(2021)第 240890 号

组稿编辑:田丽萍 电话:0371-66025553 E-mail:912810592@ qq.com

出 版 社:黄河水利出版社 网址:www.yrcp.com
地址:河南省郑州市顺河路黄委会综合楼 14 层 邮政编码:450003
发行单位:黄河水利出版社
发行部电话:0371-66026940、66020550、66028024、66022620(传真)
E-mail:hhslcbs@ 126.com
承印单位:河南匠之心印刷有限公司
开本:787 mm×1 092 mm 1/16
印张:14
字数:320 千字 印数:1—1 000
版次:2021 年 11 月第 1 版 印次:2021 年 11 月第 1 次印刷

定价:160.00 元

前 言

　　本书立足于高职高专应用型教育及生产一线员工返校培训这一特点,以"基础理论足够、重视实践教学、加强动手能力培训"为指导思想进行编写。在内容的安排上,做到通俗易懂、图文并茂;在培训教学过程中,也要体现理论、实践、实训同时进行的原则,以加强培养学员分析和解决实际问题的能力。为此,本书专门设置了与生产实际相符的实操技能考核模块。

　　作为实践性较强的电力电缆技能培训系列实用教材,学习本书的任务及要求是:掌握电缆的作用、结构、特点以及常用品种与型号;能讲述相关的质量验收标准;了解电力电缆的常用敷设方式方法;掌握终端与接头的类型和特点;掌握电缆头制作的基本操作程序并能进行实际操作;掌握终端的电场分布与绝缘要求。对学员的要求是"手脑并用",既重视基本的理论分析,也强调实践操作。

　　本书共分四章。第一章电力电缆的结构认识,主要对电缆的结构型号、性能、电场分布及绝缘材料等做了介绍;第二章电力电缆线路的敷设,主要对电缆施工中不同敷设方式的特点、技术要求以及敷设方法做了详细介绍;第三章电力电缆终端头和中间接头的基础知识,主要介绍的是附件安装所使用的工器具、规程规范和技术要求;第四章电力电缆终端头和中间接头的制作与安装,讲述了中、低压的冷、热缩附件安装和高压的预制附件安装。本书内容丰富,图文并茂,主要适用于电力电缆从业人员。本书可与电力电缆技能培训系列实用教材《电力电缆试验检测及运维检修》配套使用。

　　本书由国网四川省电力公司技能培训中心毛源担任主编,并负责全书统稿;由国网四川省电力公司技能培训中心隆茂及国网四川省电力公司设备部刘鹏担任副主编;由国网绵阳供电公司甘开毅、国网自贡供电公司刘宁东及国网泸州供

1

电公司曾琰担任主审;国网四川省电力公司技能培训中心税月、赵世林、李明志、刘瑞花,国网四川省电力公司电力科学研究院李巍巍,国网德阳供电公司韩启贺,国网绵阳供电公司肖亮参与本书编写。

本书具体编写分工如下:隆茂编写第二章第一节及第三章第一、二、三节,税月编写第二章第二节至第八节,李明志编写第三章第四、五节和第四章第一、二节,刘瑞花编写第三章第六节,赵世林编写第四章第三节和第四节的"一、10 kV 三芯热缩式电缆终端头制作与安装",韩启贺编写第四章第四节的"五、10 kV 单芯热缩式电缆终端头制作与安装"和"六、10 kV 单芯热缩式电缆中间接头制作与安装",李巍巍编写第四章第五节的"一、35 kV 热缩式电缆终端头制作与安装"和"三、35 kV 热缩式电缆中间接头制作与安装",肖亮编写第四章第五节的"二、35 kV 冷缩式电缆终端头制作与安装"和"四、35 kV 冷缩式电缆中间接头制作与安装",毛源、刘鹏编写本书其余部分内容。

本书的出版受到了国网四川省电力公司教育培训经费专项资助。

由于编者水平有限,书中难免存在不妥之处,恳请读者批评指正。

编 者

2021 年 9 月

目　录

第一章

电力电缆的结构认识

第一节　概　述

本节主要讲述电缆的用途及不同种类电缆的特性。

一、电缆的用途与使用情况

将一根或数根导线绞合而成的线芯,裹以相应的绝缘层,外面包上密闭包皮(如铅、铝或塑料、橡胶等),这种导线称为电缆。电缆的种类很多,在电力系统中,最常见的电缆有两大类,即电力电缆和控制电缆。用于输送和分配大功率电能的电缆叫电力电缆。本书只讨论电力电缆。

发电厂发出的电能传送到远方的变电所、配电所及用户的各种用电设备,是通过架空线或电缆来实现的。在大多数情况下,用架空线传送电能比用电缆传送成本低。但随着工业的发展,电缆用量在整个传输线中所占的比例逐年提高。与架空线相比,电缆具有下列优点:

(1)线间绝缘距离小,占地少,可沿墙或埋地敷设,电缆地下敷设,不占地面空间;

(2)不受外界环境影响,可避免风、雷击、风筝和鸟等造成的像架空线样的短路和接地等故障的发生,因而供电可靠性高;

(3)因有绝缘层,人不可能触及导电体,对人身比较安全;

(4)电缆的电容较大,有利于提高电力系统的功率因数。

因此,在人口稠密的城市和厂房设备拥挤的工厂,在严重污染地区,不宜敷设架空线地段等,为提高供电可靠性,均采用电缆。

中华人民共和国成立前,我国曾生产过极少量的 600 V 以下的橡皮电缆,主要电缆产品几乎全部依赖进口。中华人民共和国成立后,我国电缆工业得到迅速发展。1951 年开始生产 6 kV 电缆,1953 年开始生产 10 kV 电缆,1956 年开始生产 35 kV 浸渍纸绝缘电缆,以后又相继生产了 110 kV、220 kV、330 kV 及 500 kV 电压等级电缆。1983 年 500 kV 电缆开始试运行。

随着电缆制造工业的不断发展,以及随着城市化建设的不断推进,将有大量的架空线路逐渐被电缆所代替。

二、电缆的种类

电力电缆品种规格很多,分类方法也多种多样,通常按绝缘材料、结构特征、电压等级和特殊用途进行分类。

(一)按绝缘材料分类

1. 油纸绝缘

油纸绝缘电缆是绕包绝缘纸带后浸渍绝缘剂(油类)作为绝缘的电缆。

根据浸渍剂不同,又可分为黏性浸渍和不滴流浸渍纸绝缘电缆两类。

按绝缘结构不同,油纸绝缘电缆主要分为统包绝缘、分相屏蔽和分相铅包三种电缆。

2. 挤包绝缘电缆

挤包绝缘电缆又称固体挤压聚合电缆,它是以热塑性或热固性材料挤包形成绝缘的电缆,有聚氯乙烯(PVC)电缆、聚乙烯(PE)电缆、交联聚乙烯(XLPE)电缆和乙丙橡胶(EPR)电缆等。这些电缆适用于不同的电压等级。

3. 压力电缆

由于油纸绝缘电缆在制造和运行中,纸层间不可避免地会产生气隙,气隙在强电场作用下会出现游离放电,最终导致绝缘击穿。压力电缆就是在绝缘处充以一定压力的油或气,以抑制绝缘层中的气隙,使电缆绝缘电场强度(简称场强)明显提高,可用于 60 kV 及以上电压等级的电缆线路。

压力电缆可分为自容式充油电缆、充气电缆、钢管充油电缆和钢管充气电缆等。

(二)按结构特征分类

电力电缆按照芯线的数量不同,可分为单芯电缆和多芯电缆。

1. 单芯电缆

单芯电缆指单独一相构成的电缆。一般大截面导体、高电压等级电缆多采用此种结构。

2. 多芯电缆

多芯电缆指由多相导体构成的电缆,有两芯、三芯、四芯、五芯等。该种结构一般在小截面导体、中低压电缆中使用较多。

(三)按电压等级分类

电缆的额定电压以 U_0/U (U_m) 表示。其中 U_0 表示电缆导体与金属屏蔽之间的额定电压;U 表示电缆导体之间的额定电压;U_m 是设计采用的电缆相间可承受的最高系统电压的最大值。

根据 IEC(国际电工委员会)标准推荐,电缆按电压可分为低压、中压、高压和超高压四类。

(1)低压电缆:额定电压 U 小于 1 kV。

(2)中压电缆:额定电压 U 介于 6~35 kV。

(3)高压电缆:额定电压 U 介于 45~150 kV。

(4)超高压电缆:额定电压 U 介于 220~500 kV。

(四)按特殊用途分类

按对电力电缆的特殊要求,主要有输送大容量电能电缆、防火电缆和光纤复合电力电缆等品种。

1. 输送大容量电能电缆

管道充气电缆:是以压缩的六氟化硫气体为绝缘的电缆。它相当于封闭母线。它适用于电压等级在 400 kV 及以上的超高压、传输容量 100 万 kVA 以上的大容量电站,以及高落差和防火要求高的场合;常用于电厂或变电站内短距离的电气联络线路。

低温有阻电缆:将导体处于极低温度(液氮77 K、液氢20.4 K)下时,其材料的电阻随绝对温度的5次方急剧变化。因此,将电缆深度冷却后,可以传输大容量电能。

超导电缆:该电缆处于超导状态下时,其直流电阻等于零,可以提高电缆的传输容量。

2. 防火电缆

防火电缆是指具有防火性能电缆的总称,包括阻燃电缆和耐火电缆两类。

阻燃电缆:指能够阻滞、延缓火焰沿着其外表蔓延,使火灾不扩大的电缆。为防止电缆着火造成事故,35 kV及以下的隧道、竖井或电缆夹层中,应选用阻燃电缆。

耐火电缆:是在受到外部火焰以一定高温和时间作用期间,在施加额定电压状态下具有维持通电运行功能的电缆,用于防火要求特别高的场所。

3. 光纤复合电力电缆

将光纤组合在电力电缆的结构中,使其同时具有电力传输和光纤通信功能的电缆。

三、几种不同种类电缆的特点

(一)油纸绝缘电缆

统包绝缘电缆的电力线不是径向分布的,而是切向分布的,很容易产生移滑放电,因此这种电缆只适用于10 kV及以下电压等级。

分相屏蔽电缆和分相铅包电缆的结构基本相同。分相屏蔽电缆在成缆后挤包一个三相共用的金属护套,使各相间电场互不相关,从而消除了切向电应力,其电力线是沿着绝缘线芯径向分布的。它的击穿强度要高于非径向分布的电缆,多用于35 kV电压等级。

(二)塑料绝缘电缆

1. 聚氯乙烯绝缘电缆

聚氯乙烯绝缘电缆易于制造,化学稳定性高,具有非延燃性,安装工艺简单,价格低廉,但机械性能易受温度影响。

2. 聚乙烯绝缘电缆

聚乙烯绝缘电缆具有优良的介电性能,但抗电晕和游离放电性能差;工艺性能好,易于加工,但耐热性差,受热易变形,易延燃,易发生应力龟裂。

3. 交联聚乙烯绝缘电缆

交联聚乙烯绝缘电缆(简称交联电缆或XLPE电缆)是20世纪60年代以后技术发展最快的品种,与油纸绝缘电缆相比,它在加工制造和敷设应用方面有不少优点,其导体工作温度可达90 ℃。交联聚乙烯绝缘电缆采用悬链式和立式生产工艺,具有优良的电气性能。

4. 橡皮绝缘电缆

橡皮绝缘电缆柔软性好,易弯曲,在很大的温度范围内具有弹性,适宜做多次拆装的线路;有较强的耐寒性,有较好的电气性能和化学稳定性,但耐电晕、耐臭氧、耐热和耐油性较差。

第二节 电缆的基本结构与材料性能

电缆的基本结构包括线芯、绝缘层和保护层三个部分。线芯的作用是传送电能,它必须有良好的导电性能,以减少电能在传输过程中的损耗。绝缘层用来将不同线芯及接地部分彼此绝缘隔离,它必须绝缘性能良好,并具有一定的耐热性能。保护层保护绝缘层免受外界媒质作用,使电缆在运输、贮存、敷设和运行过程中,绝缘层不受外力的损伤和防止水分侵入,它应具有一定的机械强度。

一、线芯的材料与结构

(一)电缆线芯材料

电缆线芯的作用是通过电流。为减小电缆线芯中的损耗和电压降,电缆线芯一般由具有高电导系数的铜或铝制成。铜与铝的物理性能如表 1-1 所示。

表 1-1　铜与铝的物理性能

物理性能	铜	铝	物理性能	铜	铝
密度(g/cm^3)	8.9	2.7	熔解热(cal/g)	50.6	93
抗拉强度(MPa)	2.548~2.744	≥0.784	电阻系数(20 ℃时,$\Omega \cdot mm^2/m$)	≤0.018 4	0.026 3
熔点(℃)	1 033	658	电阻温度系数(1/℃)	0.003 931	0.004 03

注:1 cal=4.18 J。

铜作为电缆线芯具有许多技术上的优点,如导电系数大,机械强度高,加工容易,易于压延、拉丝和焊接,同时耐腐蚀,是被采用最广泛的电缆线芯材料。铝是导电性能仅次于银、铜、金的导电材料,它有丰富的矿产资源,价格较低,因此被广泛采用。

从表 1-1 可以看出,铝的机械性能与导电性能均比铜差,但对于固定敷设的电缆来说,一般并不要求导体承受过大的拉力,只要求具有一定的柔软性,便于制造和安装。在这点上两种导体均能满足要求。

从导电性能看,铜在 20 ℃时电阻系数≤0.018 4 $\Omega \cdot mm^2/m$,铝的电阻系数比铜大,为 0.026 3 $\Omega \cdot mm^2/m$,约为铜的 1.43 倍。欲使同样长度的铜线与铝线具有相同的电阻,铝线的截面面积是铜线的 1.43 倍,直径是铜线的 $\sqrt{1.43} \approx 1.2$ 倍。由于铝的密度小,即使截面面积增大 1.43 倍,但铝线的质量也只有铜线的 1/2。

由上述分析可知,由于铝的电阻率比铜的大,在同等导电能力时铝线的直径较大,这就增加了电缆绝缘材料与保护层材料的用量。另外,铝线质量比铜线轻一半,加上铝线的截面面积大,散热面积增加,实际上要达到同样的负载能力,铝线截面面积只需达到铜线的 1.5~1.8 倍就可以了。由于这些因素,铝芯电缆有着足够的经济价值。

从安装运行来看,铜比铝性能优越。铜线的连接容易操作,无论是压接、焊接和绑接,均容易满足运行要求。铝线连接则比较困难,接头在运行中也容易因接触电阻增大而发热。

铜对于某些浸渍剂(如矿物油、松香复合浸渍剂等)、硫化橡胶有促进老化的作用。在此情况下,可在铜线表面镀锡,使铜不直接与上述物质接触,以降低老化速度。采用镀锡铜线提高了电缆的质量,也使线芯的焊接更加容易。

(二)电缆线芯结构

电缆线芯按其外形可分为圆形、扇形、卵形或椭圆形几种。对于66 kV及以上的充油电缆或充气电缆,常采用中空圆形线芯,中间空道用作油或绝缘气体的流动通道。为了增加电缆的柔软性和可曲度,较大截面面积的电缆线芯均由多根较小直径的导线绞合而成。由多根导线绞合的线芯柔软性好,可曲度大。因为单根导线沿某一半径弯曲时,其中心线圆外部分必然伸长,圆内部分必然缩短。如果线芯由多根导线平行放置组成,因导线之间可以滑动,所以比相同截面单根导线做相同弯曲时要省力得多。

电缆的可曲度大约与线芯股数的平方根成正比,股数越多,弯曲越容易。但电缆的可曲度同时受到外护层等方面的限制,所以股数过多也徒然增加制造上的困难,而对可曲度仍无济于事。因此,在制造不同标称截面的电缆线芯时,都规定了一定的导线根数,如表1-2所示。

表1-2 各种规格电缆线芯导线根数

导体标称截面面积(mm^2)	圆形截面电缆线芯导线根数	扇形截面电缆线芯导线根数
25~35	1+6	6+12
50~70	1+6+12	6+12
95	1+6+12	9+16
120	1+6+12	9+15
150	1+6+12	7+2+15+21
185	1+6+12+18	7+2+15+21
240	1+6+12+18	7+2+15+21
300~400	1+6+12+18	—
500~625	1+6+12+18+24	—
800	1+6+12+18+24+30	—

为保持线芯结构形状的稳定性和减少线芯弯曲时每根导线的变形,多根导线组成的线芯都应绞合而成。图1-1(a)、(b)、(c)表示一组平行放置的导线,当弯曲后变直时,由于导线的塑性变形,可能在线芯表面产生凸出部分,使电缆绝缘层中电场的分布产生畸变,并损伤电缆绝缘;而在绞合的线芯结构中,如图1-1(d)、(e)所示,线芯中心线内、外两部分可以相互移动补偿,弯曲时不会引起导线的塑性变形,因此线芯的柔软性和稳定性大大提高。另外,由多根导线绞合的线芯与大截面的单根线芯不同,弯曲较平滑地分配在该段线芯上,因而弯曲时不容易损坏电缆的绝缘。圆形截面的导线具有稳定性好、表面电场均匀和制造工艺简单的优点,高压电缆的线芯大多为圆形截面,单芯自容式充油电缆的线芯多为中空形圆导体。

对于10 kV及以下电压等级的电缆,则以成缆后为一圆形为准则。为了缩小电缆外径,以节约原材料,减轻电缆质量,降低制造成本,线芯一般制成扇形。线芯在绞合后还需

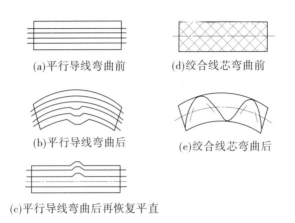

(a)平行导线弯曲前   (d)绞合线芯弯曲前

(b)平行导线弯曲后   (e)绞合线芯弯曲后

(c)平行导线弯曲后再恢复平直

图 1-1   线芯弯曲时变形示意图

经过轧轮压紧,使导线间的空隙减小。对于黏性浸渍纸绝缘电缆,压紧的线芯对浸渍剂流动的阻力增大,改善了绝缘的电气性能。线芯压紧后仍存在一些空隙,所以线芯的实际截面面积比线芯的轮廓截面面积小,通常称这两面积之比为填充系数。

(三)电缆线芯标称截面

为了制造和应用上的方便,电缆线芯的截面有统一的标称等级。电缆标称截面的等级各国的规定不尽相同,我国目前 35 kV 及以下电缆线芯截面系列如下:2.5 mm^2、4 mm^2、6 mm^2、10 mm^2、16 mm^2、25 mm^2、35 mm^2、50 mm^2、70 mm^2、95 mm^2、120 mm^2、150 mm^2、185 mm^2、240 mm^2、300 mm^2、400 mm^2、500 mm^2、625 mm^2、800 mm^2 等。

二、绝缘层的材料与绝缘层中电场的分布

(一)对电缆绝缘层材料的要求

电缆中的绝缘层是用来承受电压作用的。电缆的线芯既处于高电位,又有大电流通过,因此电缆的绝缘层材料必须满足下列要求:

(1)具有高的击穿场强与足够的耐受工频、冲击与操作过电压作用的能力。电缆线芯相间和对地距离都很近,电缆的绝缘经常在高电场强度之下工作,绝缘材料必须具有足够的电气强度,才能在高电场下稳定工作。

(2)介质损耗低。绝缘材料在电压作用下会产生介质损耗,介质损耗太大将引起电缆发热,加速绝缘老化,甚至发生击穿损坏。在高压电缆,特别是 35 kV 及以上电缆中,介质损耗是一个极为重要的技术指标。

(3)耐电晕性能好。电缆绝缘的工作场强很高,绝缘层中不可避免地会残存一些气泡,这些气泡在强场的作用下,很容易被电离而产生局部放电,并伴随产生臭氧腐蚀绝缘。

(4)化学性质稳定。绝缘材料性能应稳定,不受外界因素影响而变质,使绝缘水平降低,缩短使用寿命。

(5)耐热性能好。绝缘材料应能在工作温度下长期运行而绝缘性能不变坏。允许的运行温度越高,电缆的允许载流量越大,供电能力越强。

（6）耐低温。应能在较低的自然温度下进行安装敷设，绝缘不变脆、不损坏。

（7）加工性能好。具有一定柔软性与机械强度，便于制造与安装。

（8）经济性要好。绝缘层是电缆的关键部位，绝缘材料的价格对电缆的造价影响很大，价格昂贵，其使用范围就要受到限制。

（二）几种常用的绝缘材料

1. 电缆纸

电缆纸的主要成分是纤维素，它具有很高的稳定性，不溶于水、酒精等有机溶剂，同时也不与弱碱及氧化剂等起作用，因此纯纤维素做成的纸经久耐用。纤维素纸具有毛细管结构，它的浸渍性远大于聚合薄膜，这是聚合薄膜未能取代纤维素纸的主要原因。

纸具有很大的吸湿性，纸内含水量的大小对纸的电气性能影响很大。电缆纸中含水会大大减小其绝缘电阻和降低击穿场强，面介质损耗增大，因此浸渍纸绝缘电缆在浸渍前必须严格进行干燥，除去纸中的水分。由于水分会渗透到纸的微细孔中，所以干燥过程都是在高度真空下进行的。

2. 浸渍剂

浸渍纸绝缘的浸渍剂按其黏度可分两大类，即黏性浸渍剂和高压电缆油。常说的浸渍剂是指 35 kV 及以下浸渍纸绝缘电缆用的，它实际上是光亮油和松香等的混合物，由于现代化学工业的发展，松香将逐步被合成微晶蜡代替。

黏性浸渍剂也有两种：一种叫黏性浸渍剂，用于油浸纸绝缘电缆，在工作温度下浸渍剂是流动的，所以必须限制电缆的敷设落差。另一种是不滴流浸渍剂，用于不滴流电缆，在工作温度下浸渍剂是不流动的，所以电缆不受敷设落差的限制。不滴流浸渍剂在工艺温度时具有良好的流动性，以保证电缆绝缘纸得到充分的浸渍，但在电缆运行温度范围内，它不能流动而成为塑性固体。不滴流浸渍剂的电气性能与黏性浸渍剂大体相同，但它在 80 ℃以下是不流动的塑性体。

高压电缆油要求黏度低，具有良好的流动性，主要用作充油电缆的浸渍剂。

3. 聚氯乙烯

聚氯乙烯是最早、最广泛用于电缆绝缘的塑料材料，可用作 10 kV 及以下电缆的绝缘，也可用作电缆的护套。

聚氯乙烯绝缘材料是以聚氯乙烯树脂为基础的多组分混合材料，根据各种电缆的使用要求，在其中配以各种类型的增塑剂、稳定剂、填充剂、着色剂和特种用途的添加剂等配合剂，这些配合剂往往对聚氯乙烯的性能有很大影响。

紫外线、氧气在光热作用下对聚氯乙烯有分解破坏作用，使高分子断链或氧化、老化等。稳定剂的作用，就是对热、光、氧化起稳定作用；增塑剂可以减小聚氯乙烯分子链之间的引力，提高活动性，使聚氯乙烯富有弹性并易于加工成型；填充剂除降低塑料成本外，有时可以起改善塑料某些性能的作用，如电气性能、老化性能、工艺性能等。

4. 聚乙烯

根据聚合的方法不同，聚乙烯可分为高压聚乙烯和低压聚乙烯。高压聚乙烯是将乙烯气态单体在 100~200 MPa 压力下加热聚合而成的，低压聚乙烯是用催化剂在较低的压力（0.1~10 MPa）下加热聚合而成的。高压聚乙烯的密度、软化点均较低压聚乙烯的低，硬度也较小。根据分子量的大小可以分成高分子量聚乙烯和低分子量聚乙烯。高分子量聚乙烯具有较好的特性,但加工性能较差。电缆工业主要用高压、低密度、高分子量聚乙烯。

聚乙烯原料来源丰富,价格低廉,电气性能优异,具有较小的介质损失和介电常数。在常温下具有一定的韧性和柔性,不要增塑剂,加工方便。但用作高压电缆绝缘必须注意下列几个问题:

(1)光热老化、氧老化性能低,耐电晕性能比聚氯乙烯低得多;

(2)由于分子间吸引力小,所以熔点低,耐热性低,机械强度不高,蠕变大;

(3)在某些环境(如雨水或某些有机溶剂的侵蚀)下,既使所受应力比其抗张强度小得多,也会产生裂纹,即容易产生环境应力开裂;

(4)容易形成气隙。

为了克服上述缺点,可加入各种相应的添加剂以改善其性能。

5. 交联聚乙烯

由于聚乙烯的缺点,妨碍了它在电缆工业中的应用。为了克服这些缺点,除采用各种添加剂外,主要途径是采用交联法:用化学方法或物理方法将聚乙烯的分子结构从直链状变成三度空间的网状结构,称为交联聚乙烯。交联聚乙烯在机械、耐热、抗蠕变以及抗环境开裂性能方面大大提高,同时保持了聚乙烯的优良性能,因此在电缆工业中得到广泛的应用。目前,在 110 kV 及以下的电缆中,主要使用的是交联聚乙烯电缆。

6. 橡皮材料

橡皮是最早用来做电线、电缆的绝缘材料。橡皮在很大的温度范围内具有高弹性,对气体、水具有低的渗透性,化学稳定性高,电气性能优良。橡皮电缆具有良好的弯曲性能。它仍然是目前制造高柔软性电缆的唯一材料。

橡皮是以橡胶为主体,配以各种配合剂,混合制成均一橡胶,再经硫化而制成的弹性材料。由于各种配合剂(硫化剂、填充剂、促进剂、防老化剂等)的作用,橡皮的介电系数和介质损耗均有所增加。随着合成橡胶工业的迅速发展,电缆绝缘也大量使用合成橡胶。合成橡胶不仅在数量上满足了人们对天然橡胶的需求,在性能上也弥补了天然橡胶的不足。用于电缆绝缘的合成橡胶有丁苯橡胶、丁基橡胶和乙丙橡胶等。

(三)电缆绝缘层中电场的分布

1. 单芯电缆绝缘层中电场的分布

任何导体在电压的作用下,均会在其周围产生一定的电场,其强度与电压的大小和电极的形式等因素有关。电缆的长度一般比它的直径大得多。在大多数情况下,线芯和绝缘层表面具有均匀电场分布的屏蔽层。因此,单芯电缆或分相屏蔽型圆形线芯电缆的电场均可看作同心圆柱体场。电场的电力线全是径向的,如图 1-2 所示。单芯电缆绝缘层中的最大电场强度 $E_{\max}$ 位于线芯表面上,最小电场强度 $E_{\min}$ 位于绝缘层外表面上,电缆绝缘层中电场的分布情况如图 1-3 所示。绝缘层中的平均电场强度与最大电场强度之比称为该绝缘层的利用系数。利用系数愈大,说明电场分布愈均匀,也就是说绝缘材料利用得愈充分。对于均匀电场分布的绝缘结构,如平行电容极板间电场,其绝缘材料利用最充分,它的利用系数等于1。电缆绝缘层的利用系数均小于1,绝缘层愈厚,利用系数愈小。

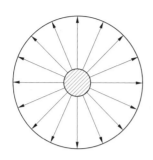

图1-2　单芯电缆的电力线

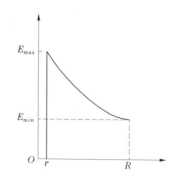

图1-3　单芯圆形线芯电缆电场分布

通过理论分析可知,当线芯外径 r 与绝缘层外径 R 之比等于 0.37 时,线芯导体表面的最大电场强度 E_{max} 最小,当 r 与 R 之比在 0.25~0.5 时,导体表面最大电场强度变化不大。所以在制造电缆时,不论其导体截面面积大小,相同电压等级的电缆均采用相同的绝缘厚度。

扇形或椭圆形单芯电缆的电场分布较为复杂。在电缆绝缘结构的设计中,人们感兴趣的是电缆的最大电场强度。对于扇形线芯,其最大电场强度位于扇形的两端处,即图1-4中的 B 点。

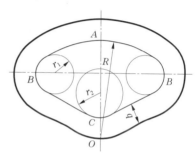

图1-4　扇形线芯的最大场强点

电缆绝缘层厚度增加,其绝缘层利用系数就降低。因此,在高压电缆中,常采用分阶绝缘结构使绝缘层中电场分布均匀,以提高电缆绝缘的利用系数。所谓分阶绝缘结构,就是采用多层绝缘,在接近线芯的内层绝缘采用较外层介电系数高的材料,以达到均匀电场的目的。通过理论分析可知,分阶绝缘能使线芯表面电场强度降低,降低程度与 ε_1、ε_2 的差值有关(ε_1、ε_2 是内外层绝缘材料的介电系数),差值愈大,降低愈多。同时,绝缘厚度愈大,线芯表面因分阶绝缘而降低的电场强度也愈多。但分阶绝缘也提高了第二层的最大电场强度,如图1-5所示。

2. 多芯电缆绝缘层中电场的分布

多芯电缆绝缘层中电场的分布比较复杂,一般用模拟试验方

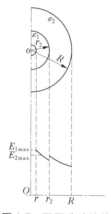

图1-5　双层分阶绝缘电场分布($\varepsilon_1 > \varepsilon_2$)

法来确定,在此基础上再近似求最大电场强度。三芯电缆绝缘层中的电场可视为一平面场,外施三相平衡交流电压时,此电场为一随时间变化的旋转电场。图1-6就是从一圆形三芯电缆模型测得的结果,它表示两个不同时刻电场分布,两者相差30°。从图1-6中可以清楚地看出,由于三芯电缆电场的互相堆积作用,电场的分布很小。当导体为圆形时,统包型电缆的最大电场强度在线芯中心连接线与线芯表面交点上,其值为

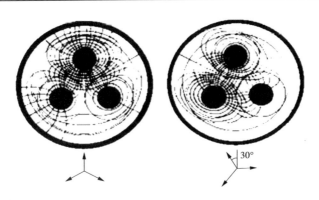

图 1-6　圆形三芯电缆绝缘层中不同瞬间电场的分布

$$E_{max} = \frac{U\sqrt{(v+4)/v}}{\sqrt{2}\,r\ln\left[\left(\sqrt{v+4}+\sqrt{v}\right)\big/\left(\sqrt{v+4}-\sqrt{v}\right)\right]} \quad (\text{kV/cm}) \qquad (1\text{-}1)$$

式中　U——线电压，kV；

　　　r——线芯半径，cm；

　　　v——比例常数，$v=\dfrac{2t}{r}$，其中 t 为电缆线芯绝缘厚度，cm。

三芯扇形电缆的最大场强也可用式（1-1）近似求得，但 r 要用扇形线芯的等效半径。

（四）电缆绝缘厚度的确定

电缆绝缘厚度的确定，主要考虑以下几个因素。

1. 工艺上规定的最小厚度

电缆绝缘层的最小厚度应该是工艺上可能实现的厚度。绝缘层太薄挤压不出，厚度的公差超过绝缘层规定的厚度也不行。另外，绝缘层厚度太小，挤压绝缘层可能出现穿透的孔隙，纸绝缘层每层纸带的导电点相重合的概率很大，大大降低了纸绝缘层的绝缘性能。因此，各种绝缘层都规定有最小厚度，如橡皮绝缘电线的最小绝缘厚度规定为 0.3 mm，聚氯乙烯等塑料绝缘电线规定为 0.25 mm，黏性浸渍纸绝缘的层数不能小于 5~10 层等。500 V 及以下小截面的橡皮、塑料电线，1 000 V 及以下的浸渍纸绝缘电缆，其绝缘层厚度往往由工艺规定的最小厚度决定。当然，随着绝缘材料及电缆制造工艺的改进，这一厚度可能进一步降低。

2. 机械性能

电缆的绝缘层必须有足够的厚度，以承受电缆在制造、使用过程中因弯曲、拉伸等作用所产生的拉、压、弯、扭、剪切等机械应力。由机械性能决定绝缘层厚度的电缆主要是 1 000 V 以下的橡皮、塑料电缆，因为这类电缆工作电压低，多用于移动式或弯曲半径较小的场合，对机械性能要求较高，满足机械性能的绝缘厚度也就满足了电气方面的要求。

总之，对于低电压、小截面电缆，主要由工艺允许的最小要求来决定其绝缘厚度；而对于低电压、较大截面的电缆，则主要根据安装和生产过程中可能受到的机械损伤（主要是指弯曲）和绝缘的不均匀性来决定。热带用、船用以及用于其他特殊场合的电缆，绝缘厚度都比用电气强度计算值大，在这类电缆的设计工作中，往往是先根据制造和运行经验或机械试验选定其厚度,然后进行电气核算。

3. 击穿强度

只有电缆工作电压高至 10 kV 以上时,绝缘的击穿电场强度才逐渐成为决定绝缘厚度的主要因素。电缆绝缘层在使用期限应能安全承受工频、脉冲、操作以及故障等过电压的作用。在设计绝缘厚度时,最大场强必须小于材料的击穿场强,并有一定的安全裕度。

三、电缆护层结构与材料性能

(一)电缆护层的作用

为了使电缆适应各种使用环境而在电缆绝缘层外面加的保护层,叫电缆护层。它的主要作用是保护电缆绝缘层在敷设和运行过程中,免遭机械损伤和各种环境因素(如水、日光、生物、火灾等)的破坏,以保持长时、稳定的电气性能。所以,电缆护层的质量直接关系到电缆的使用寿命。

电缆护层主要可以分为三大类,即金属护层(包括外护层)、橡塑护层和组合护层。金属护层具有完全的不透水性,可以防止水及其他有害物质进入电缆绝缘内部,广泛地用作耐湿性小的油浸渍纸绝缘电缆的护套。橡塑护层和组合护层都有一定的透水性,主要用于高聚物材料绝缘的电缆。组合护层的透水性比橡塑护层小得多,因此适合于石油、化工等侵蚀性环境中使用的电缆。

电缆护层所用材料繁多,主要可分为两种类型:一类是金属材料,如铅、铝、钢等,这类材料主要用以制造密封护套、铠装或屏蔽;另一类是非金属材料,如橡皮、塑料、涂料以及各种纤维制品等,其主要作用是防水和防腐蚀。

(二)几种电缆护层的结构与性能

1. 金属护层

金属护层通常由金属护套和外护层构成。金属护套常用的材料是铝、铅和钢,按其加工工艺的不同,可分为热压金属护套和焊接金属护套两种。此外,还有采用成型金属管作为电缆金属护层的,如钢管电缆等。外护层一般由内衬层、铠装层和外被层三部分构成,主要起机械保护和防止腐蚀的作用。相对于外护层而言,电缆金属护套常称为电缆的内护层。金属护层的一般结构如图 1-7 所示。

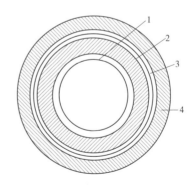

1—金属护套;2—内衬层;3—铠装层;4—外被层

图 1-7 金属护层的结构示意图

常用的金属护套是铅护套和铝护套。钢管作为电缆护套的一种,主要应用于高油压或高气压的超高电压电缆或管道充气电缆中,与铅护套和铝护套相比,具有机械性能高、结构简单、维护方便等优点。

铅质地柔软,熔点较低,是最早用作电缆金属护层的材料。

铅护套具有以下优点:

(1)熔点低,易于加工,在制造过程中不会使电缆绝缘过热。

(2)化学性能稳定,耐腐蚀性好,不易受酸碱等物质的腐蚀。

(3)柔软,不影响电缆的可曲性。

铅护套有以下缺点:

(1)机械强度低,易受外力损伤。

(2)质地柔软但弹性差。浸渍剂(电缆油)的膨胀系数为铅护套的7~8倍,当电缆通电温度上升后,浸渍剂比铅护套膨胀厉害,电缆内部压力升高,造成铅包电缆过度伸展。当温度降低时,铅包电缆不能恢复到原来的状态,在电缆内部形成空隙,易在绝缘中产生局部放电。

(3)铅护套有较大的蠕变性和疲劳龟裂性。在架空或沿桥梁、铁路敷设的情况下,可能由于振动而产生龟裂,从而导致电缆受潮或漏油而引起故障。

(4)密度大,增加了电缆的质量。

(5)资源缺乏,价格昂贵。

由于铅护套有上述缺点,因此尽管电缆铅护套已具有将近一个世纪的制造和使用经验,人们还在寻求新的材料来代替它。目前,最好的代替材料就是铝护套。与铅护套相比,铝护套的主要优点是:

(1)密度小,机械强度高,铝护套的密度不到铅护套的1/4,机械强度却是铅护套的5倍。

(2)导电、导热及屏蔽性能等都比铅护套好。

(3)资源十分丰富。

与铅护套相比,铝护套的性能比较全面。首先是蠕变性和疲劳龟裂性比铅护套或铅合金护套小得多,机械强度高得多,敷设在振动场所不需要防振装置。在落差较大或过载情况下,铅包电缆常会发生护套胀破、漏油等故障,铝包电缆则可避免。在自容式充油充气电缆等场合,铝护套可以在15个大气压的内压力下正常运行,而铅护套则必须用黄铜带等加固才行。在地下直埋敷设的情况下,铝护套不必像铅护套那样要用钢带铠装,因而其护套层可大大简化。铝的电导率比铅高7倍,不仅有良好的屏蔽性,而且在有些场合,可以直接做接地保护。铝护套所需厚度比铅护套薄,且密度小,因此铝包电缆的质量一般只有铅包电缆的30%~70%,既方便运输和施工,价格也比较便宜。

铝护套的缺点首先是没有铅护套那样柔软。不过,实践证明,直径在40 mm以下的铝包电缆,在施工敷设过程中并未碰到实际困难;直径在40 mm以上的铝包电缆,其柔软性可通过轧纹来提高。其次,铝护套的耐腐蚀性比铅护套低。但是,在大气中,铝护套的表面由于氧化而迅速形成一层良好的保护性氧化铝膜,从而使它的耐腐蚀性有很大提高。实践表明,裸铝包电缆在架空敷设的条件下,其耐腐蚀性可以与裸铅包电缆相媲美。铝护套的腐蚀只是在氧化铝膜受到破坏而又得不到恢复的情况下发生的。碱、石灰和水泥等对铝有较强的腐蚀作用,所以不宜将裸铝包电缆沿水泥墙壁敷设。最后,就是铝护套采用封焊时,必须设法除去铝护套表面的氧化铝膜才能进行,工艺比较复杂,制作电缆头时不易保证密封质量。

在金属护套外面起防蚀或机械保护作用的覆盖层叫外护层。外护层一般由内衬层、铠装层和外被层三部分组成,它们的作用如下:

(1)内衬层。位于铠装层和金属护套之间的同心层,起铠装衬垫和金属护套防蚀作用。

(2)铠装层。在内衬层与外被层之间的同心层,主要起抗压或抗张的机械保护作用。

(3)外被层。在铠装层外面的同心层,主要对铠装起防蚀保护作用。

外护层按防水性能范围可以分为一级外护层和二级外护层。有铠装的电缆,就是二级外护层。

铠装层通常由钢带或钢丝构成。钢带铠装层的主要作用是抗压,适用于地下埋设的场合;钢丝铠装层的主要作用是抗拉,主要用于水下或垂直敷设的场合。为防腐蚀,铠装钢带必须有防蚀措施,如预涂沥青、防锈漆或镀锌,铠装钢丝则用镀锌钢丝、涂塑钢丝等。

内衬层通常用沥青、玻璃丝布带、塑料带、皱纹纸等。

在铠装层外面的外被层,对于一级外护层,应由如下同心层构成:①内护电缆沥青;②浸渍黄麻或玻璃毛纱;③外护电缆沥青;④防止黏合的涂料。

对于二级外护层,应由如下同心层构成:①电缆沥青;②聚氯乙烯塑料带;③聚氯乙烯护套或聚乙烯塑料护套。

铝护套由于强度高,在大多数场合下不需要铠装加强。因此,它的外护层只起防蚀作用,结构也十分简单,通常由下列同心层构成:①电缆沥青;②塑料带;③聚氯乙烯护套或聚乙烯护套。

2. 橡塑护层

橡塑护层的特点是柔软、轻便,在移动式电缆中得到最广泛的应用。但橡塑材料都有一定的透水性,仅能在采用具有高耐湿性的高聚物材料作为电缆绝缘时应用。橡塑护层的结构比较简单,通常只有一个护套,并且一般是橡皮绝缘的电缆用橡皮护套,也有用塑料护套的,但塑料绝缘电缆都用塑料护套。相对而言,橡皮护套的强度、弹性和柔韧性较高,但工艺比较复杂。塑料护套的防水性、耐药品性较好,且资源丰富、价格便宜、加工方便,因此应用更广。

为增加橡塑护层的强度,常在橡塑护层中引入金属铠装,在铠装外面有一个塑料护套作为防蚀的外被层,称这种结构为内铠装塑料外护层。内铠装塑料外护层有三种结构:内铠装钢带塑料外护层、内铠装单细圆钢丝塑料外护层和内铠装单粗圆钢丝塑料外护层。

3. 组合护层

组合护层也叫综合护层,或简易金属护层,一般由薄铝带和聚乙烯护套组合构成。它既保留塑料电缆柔软轻便的特点,又由于引进铝带起隔潮作用,透水性比单一塑料护层大为减弱。若以铝-聚乙烯黏结组合护层为例,其透水性至少比聚乙烯护层降低 50 倍以上。

组合护层按结构的不同一般分为铝-聚乙烯、铝-钢-聚乙烯和铝-聚乙烯黏结三类。

各种护层适用的电缆绝缘种类如表 1-3 所示。

表1-3　护层对各种绝缘电力电缆的适用性

护层形式			浸渍纸绝缘电力电缆			橡塑绝缘电力电缆	
			黏性浸渍	充油	充气	橡皮	塑料
金属护层	铅护套		△	△	△	△	△
	铅护套	热压	△	△	△	△	△
		焊接	△			△	△
	焊接皱纹钢护套		△			△	△
	钢管			△	△		
橡塑护层	橡皮护套					△	
	塑料护套					△	△
组合护层	铝-聚乙烯					△	△
	铝-聚乙烯黏结		√			△	△
	铝-钢-聚乙烯		√			△	△

注:△表示适用,√表示试用。

第三节　电缆的典型结构与性能

一、浸渍纸绝缘电缆

浸渍纸绝缘电缆历史悠久,使用广泛,主要用于35 kV及以下电压等级。浸渍纸绝缘电缆有黏性浸渍纸绝缘电缆滴干电缆和不滴流电缆两种。它们结构相同,只是浸渍剂和浸渍方式不同,以适应各种敷设条件的要求。滴干电缆现已基本不用;根据电缆绝缘层中电场的分布,黏性浸渍纸绝缘电缆可分为径向型和非径向型。径向型电缆绝缘层中电力线的方向沿半径方向分布,而非径向型电缆绝缘层中电力线的方向则不是沿着半径方向分布。非径向型主要包括各种带绝缘(统包型)多芯电缆,而径向型则主要包括各种单芯电缆和分相屏蔽(铅包)多芯电缆。

(一)黏性浸渍纸统包型绝缘电缆

统包型绝缘在10 kV及以下电压等级的电缆中得到广泛应用。其结构是在每一线芯上包缠相绝缘层(或称芯绝缘层),各绝缘线芯绞合成缆时,芯绝缘间的空隙填以纸捻或麻。在绞合绝缘线芯之外再包绝缘层,此绝缘层称为带绝缘层(或称统包绝缘层)。需要包绕带绝缘层的理由是,在三相平衡输电系统中,相间电压(线电压)为相对中性点电压(相电压)的$\sqrt{3}$倍,如在每相芯线上包以线电压所需绝缘厚度的一半,则每一线芯对金属护套(中性点)绝缘层的厚度只能承受$\sqrt{3}/2$的相电压,因此必须增加线芯对护套的绝缘

16

层厚度,使其能承受相电压。

为了减小电缆外形尺寸以节约材料,多芯电缆的线芯都不采用圆形线芯结构,而采用弓形、近似扇形或腰圆扇形线芯结构。例如三芯电缆,除线芯截面面积在 25 mm² 以下用圆形线芯外,一般采用扇形线芯。虽然几何扇形线芯[见图 1-8(a)]最节省材料,但在扇形尖角处电场过于集中,一般不予采用。工作电压较低的电缆,线芯采用图 1-8(b)所示的近似几何扇形线芯结构,而工作电压较高的电缆,线芯采用图 1-8(c)所示的腰圆扇形线芯结构。

(a)几何扇形线芯   (b)近似几何扇形线芯   (c)腰圆扇形线芯

图 1-8 三芯电缆结构

黏性浸渍纸绝缘电缆一般采用厚度为 0.12 mm 的普通电缆纸。为了保证绝缘层与金属护套有较好的接触,6~10 kV 电缆在带绝缘层表面有一层搭盖式绕包的半导电纸屏蔽层。对于更高工作电压(20~35 kV)的电缆,除在带绝缘层表面有半导电纸屏蔽层外,为了保证线芯与绝缘层有较好的接触,消除线芯表面的导线效应所引起的线芯表面电场强度的增加,在线芯与绝缘层之间至少有一层半导电纸组成的屏蔽层。

浸渍纸绝缘电缆必须有完全密封的护套,以防止绝缘层受周围媒质(主要是水和潮气)的侵入。浸渍纸绝缘一旦吸收水分,绝缘性能就会下降,甚至破坏,致使电缆不能使用。这种完全密封的护套一般采用铅护套或铝护套。

(二)分相铅包电缆

非径向型带绝缘电缆的主要缺点是电力线方向不垂直于绝缘纸带表面,如图 1-9 所示,电场有沿纸带表面的分量。试验表明,浸渍纸沿纸带表面的击穿强度只有垂直纸面的 1/100~1/10。沿纸带表面电场分量的出现,会大大降低电缆的击穿强度。另外,带绝缘电缆的电场不仅作用于带绝缘和相绝缘,而且作用到电缆纸绳做成的填料,它的电气性能比浸渍纸低。同时,当电缆弯曲时,绝缘线芯的移动使带绝缘层受到较大的变形,容易产生气隙,降低其电气性能。因此,较高电压等级电缆均不采用带绝缘结构。20~35 kV 电缆均采用径向型的分相铅包结构。在这种结构的电缆中,线芯表面是一等位面,铅套是另一等位面,电场方向均垂直于纸带表面,消除了沿纸带表面的分量,如图 1-10 所示。另外,分相铅包电缆的电场只作用于相绝缘,填料的电气性能对电缆绝缘性能毫无影响。图 1-11 为 35 kV 分相铅包电缆结构。

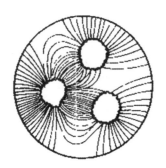

图 1-9　带绝缘电缆绝缘层中电场分布

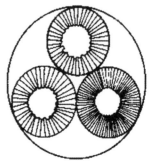

图 1-10　分相铅包电缆绝缘层中电场分布

(三) 不滴流电缆

黏性浸渍纸绝缘电缆在敷设落差较大的情况下,浸渍剂会从电缆上部向下部沉降,使上部电缆绝缘层内产生气隙,绝缘电气性能下降;而下部绝缘层中浸渍剂增加,压力增高,致使电缆下部的金属护套破裂或浸渍剂沿接头盒的泄漏点溢出,最后导致电缆发生故障。不滴流电缆的特点是,浸渍剂在浸渍温度下具有足够低的黏度以保证充分浸渍,但在电缆工作温度范围内不流动,成为塑性固体。在采用一定支撑敷设的情况下,不滴流电缆的敷设落差几乎不受限制。

不滴流电缆的结构与黏性浸渍纸绝缘电缆完全相同,制造工艺除浸渍工艺因浸渍剂黏度较高稍有不同外,也与黏性浸渍纸缘绝电缆基本一致。不滴流电缆允

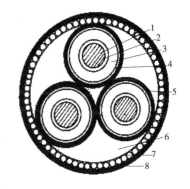

1—线芯;2,4—半导电纸屏蔽层;
3—绝缘层;5—铅套;6—内衬层及填料;
7—钢丝铠装;8—外被层

图 1-11　35 kV 分相铅包电缆结构

许敷设落差大,经济耐用,安全可靠,是浸渍纸绝缘电缆中最有发展前途的产品,并有取代黏性浸渍纸绝缘电缆的趋势。

(四) 浸渍纸绝缘电缆的性能分析

浸渍纸绝缘电缆的共同特点是,在电缆生产和使用过程中不可避免地会在绝缘层中产生气隙。因此,这种电缆的最大工作场强不超过 4~45 kV/mm,限制了它向更高电压等级发展。

电缆在生产和使用过程中,其温度在相当大的范围内变化。为保证浸渍完全,浸渍时温度较高,浸渍剂黏度低,在电缆正常运行时温度较低,浸渍剂黏度高,基本上不流动,温度的改变是引起黏性浸渍纸绝缘电缆产生气隙的主要原因。因为组成电缆各部分材料的体积膨胀系数不同,浸渍剂的体积膨胀系数约为其他固体材料(铜、铝、铅及电缆纸)的 10 倍,即在温度改变相同的情况下,浸渍剂体积的改变量是其他材料的 10 倍。黏性浸渍纸绝缘电缆的浸渍温度为 100~115 ℃,而浸渍出缸温度(压铅时绝缘层温度)为 35~40 ℃。压铅后当电缆从室温降至 0 ℃时,电缆内气隙可能达浸渍纸体积的 3% 左右。由于铅护套的不可逆变形,在电缆运行条件下,形成气隙的情况还要严重。

浸渍纸绝缘电缆内的气隙多分布在绝缘层的内部靠近线芯处。因为电缆冷却时热量从电缆表面散出,绝缘外层先开始冷却。这时绝缘层内部温度较高,浸渍剂黏度较低,因

此内层浸渍剂可以补偿外层浸渍剂的体积收缩,所以在绝缘层外部形成气隙的可能性小。以后,绝缘层内部逐渐冷却。由于浸渍剂黏度增大,流动性减小,浸渍剂冷却体积收缩得到补偿的可能性愈来愈小,愈靠近线芯,这一现象越严重,形成气隙的可能性愈大。浸渍剂的体积膨胀系数愈大,靠近线芯绝缘层形成的气隙量也就越大。

气隙的介电系数比浸渍纸小,电场的分布与介电系数成反比,当绝缘层承受电压时,气隙比浸渍纸承受较高的场强,而气隙的击穿场强比浸渍纸低得多,因此在较高电压的作用下,首先气隙发生击穿。又由于靠近电缆线芯表面处电场强度最大,所以这一现象往往先发生在靠近线芯表面绝缘层的气隙,如图 1-12 中(a)所示。当靠近线芯绝缘层中气隙发生击穿后,浸渍剂在游离放电的作用下发生分解,放出气体,扩大气隙,产生离子撞击次一层纸带,赶走纸带中所含的浸渍剂,游离放电穿过纸带细孔不断向外发展,如图 1-12 (b)所示。在游离放电持续作用下,浸渍剂一方面会聚合形成较高分子量的 x-蜡,另一方面分解出自由碳粒子。碳粒子吸附在放电道路上,逐渐形成碳粒通道,于是具有线芯电位的尖端伸入绝缘层内部而产生切向(沿纸带表面)电场。切向场强随碳粒通道深入绝缘层内部的程度而增大。如前所述,沿纸带表面的击穿强度只有垂直纸带方向的 1/20 ~ 1/10,游离放电进一步发展将导致沿纸面的移滑放电(也称树枝放电),如图 1-12(c)所示。游离放电作用于纸面上,浸渍剂分解,形成树枝状的 x-蜡和碳粒,连续的树枝状导电碳粒使绝缘层内部的电场强度增加,游离放电强度逐渐加强,游离气泡状物沿纸带表面移动,逐渐聚集成较大的气泡。于是游离放电从一层纸带的间隙经纸面和另一层纸带间隙多方向外发展。随着放电通道的扩大和延伸,放电电流逐渐增大,浸渍剂分解加速,放电的痕迹加深,最后导致电缆整个绝缘层击穿。

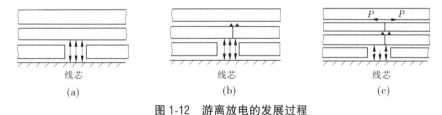

线芯 (a)　　　　线芯 (b)　　　　线芯 (c)

图 1-12　游离放电的发展过程

总之,黏性浸渍纸绝缘电缆的根本弱点在于它的绝缘层中不可避免地存在气隙。提高电缆工作场强和制造更高工作电压电缆的途径:一是尽可能消除气隙的产生;二是提高气隙的击穿场强。充油电缆和充气电缆就是根据这两条原理设计的电缆。

二、充油电缆

充油电缆是利用补充浸渍原理来消除绝缘层形成的气隙,以提高电缆工作场强的一种电缆。充油电缆根据护层结构的不同分成两类:一类是自容式充油电缆,一类是钢管充油电缆。自容式充油电缆护层结构和一般电缆相同,采用铅护套或铝护套,而钢管充油电缆则是三根屏蔽电缆拖入一无缝钢管内,无缝钢管就是电缆的坚固护套。

(一)自容式充油电缆

自容式充油电缆一般在线芯的中心有一油道,与补充浸渍的设备(供油箱等)相通。当电缆温度升高时,浸渍剂受热膨胀,膨胀出来的浸渍剂经过油道流至补充浸渍设备中。

当电缆温度下降时,浸渍剂收缩,补充浸渍设备中的浸渍剂经过油道对绝缘层进行补充浸渍,这样既消除了绝缘浸渍层中气隙的产生,又防止在电缆中产生过高的压力。为提高补充浸渍速度,防止油流产生过高的压降,充油电缆一般采用低黏度油作为浸渍剂。为了提高绝缘层的击穿强度,防止护套破裂时潮气侵入,一般浸渍剂压力均高于大气压。

自容式充油电缆根据其内部工作压力,可分为高压力(1.0~1.5 MPa)、中压力(0.3~0.6 MPa)和低压力(0.05~0.3 MPa)三种。根据金属护套材料可分成铝套自容式充油电缆和铅套自容式充油电缆,根据线芯数可分为单芯充油电缆和三芯充油电缆,工作电压在110 kV 及以上的电缆,由于绝缘层较厚,除充油扁电缆外,多制成单芯。

(二) 钢管充油电缆

钢管充油电缆由三根屏蔽的单芯电缆置于无缝钢管内组成。线芯用铝丝或铜丝绞合,没有中心油道。绝缘层结构与自容式充油电缆相同,只不过浸渍剂的黏度较高,以保证电缆拉入时浸渍剂不会大量从绝缘层流出。线芯有半导电纸或金属化纸的屏蔽,在绝缘层表面包有打孔铜带屏蔽层。在打孔铜带屏蔽层外缠2~3 根半圆形(D 型)青铜丝,包缠节距约为300 mm,以减小电缆拖入钢管的拉力,并防止电缆拖入钢管时损伤电缆绝缘层。同时,由于青铜丝使电缆绝缘外屏蔽与钢管内壁间保持一定距离,浸渍剂可以在这个间隙流通,因此还有降低电缆热阻、提高电缆载流量的作用。为避免电缆在运输过程中潮气侵入,电缆表面有临时铅套,在拖入钢管前剥去。

钢管在电缆拖入前应仔细清洁,除去内壁铁锈和其他污秽,并涂以耐油防锈漆。然后管内抽真空并检验其密封性和干燥程度,再充以干燥氮气。在充油前钢管再抽真空一次,确无漏气后,充以绝缘油。充入钢管内油的黏度较低,以保证电缆充分补偿浸渍,油流阻力小。为使电缆易于拉入钢管,电缆在钢管中所占钢管截面面积不超过40%。

在电缆终端处,钢管接以分支钢管,各相电缆分别通过分支钢管接到电缆终端头。为了便于电缆终端头的安装、修理,防止油大量流出,电缆终端头一般制成半阻止式,钢管中的油与电缆终端头中的油不直接相通,而经过一旁路管道。安装或修理完毕,打开旁路管道阀门,油才可互相流通。对于较长的钢管充油电缆线路,每隔1 000~1 500 m 装有一个半阻式中间接线盒,使两段间的油经电缆绝缘层或旁路管道方可流通。同时可分段充油,发生故障时,可局限于区间,不致影响整个电缆线路。

三、塑料电缆

(一) 聚氯乙烯电缆

聚氯乙烯电缆是塑料电缆中使用最早的一种电缆,具有结构简单、制造方便、价格低廉、化学稳定性好(耐酸、耐碱、耐腐蚀)及非延燃性等优点。聚氯乙烯绝缘、聚氯乙烯护套全塑电缆在低压电缆方面已取代浸渍纸绝缘电缆。6 mm² 及以下的双芯电缆允许平行排列成扁电缆,多芯电缆的绝缘线芯均绞合成缆,绞合绝缘线芯间的空隙用非吸湿性材料填充使其外形圆整,并包塑料带或挤包聚氯乙烯塑料。6 kV 电缆在成缆包塑料带前,绕包两层铝带或一层铜带,铝带厚度不小于0.15 mm,铜带厚度不小于0.1 mm。聚氯乙烯绝缘、聚氯乙烯护套电缆一般采用内铠装结构。对于钢带铠装,内衬层可以挤包,也可以绕包;对于钢丝铠装,内衬层采用挤包。外护套一律采用挤包。

聚氯乙烯电气性能不如聚乙烯,电阻率和击穿场强比聚乙烯低,介质损耗比聚乙烯高(20 ℃时约为聚乙烯的60倍),主要用于1 kV电压等级。

(二)交联聚乙烯电缆

交联聚乙烯电缆不但应用于6 kV以下低压供电系统,而且在6～500 kV电压等级输配电线路系统,应用也非常广泛。6 kV以下的XLPE电缆结构与PVC低压电缆结构基本相同。

单芯交联聚乙烯电缆和三芯交联聚乙烯电缆的结构示意图分别如图1-13、图1-14所示。

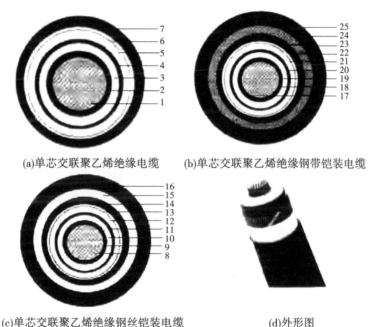

(a)单芯交联聚乙烯绝缘电缆　　(b)单芯交联聚乙烯绝缘钢带铠装电缆

(c)单芯交联聚乙烯绝缘钢丝铠装电缆　　(d)外形图

1,8,17—导体;2,9,18—导体屏蔽;3,10,19—绝缘;4,11,20—绝缘屏蔽;5,12,21—铜带屏蔽;
6,13,22—包带;7,16,25—外护套;14,23—内护套;15,24—钢带铠装

图 1-13　单芯交联聚乙烯电缆的结构示意图

6～35 kV交联聚乙烯电缆与低压各类塑料电缆的结构相比较,最主要的区别是增加了内外半导电屏蔽层和铜带(丝)金属屏蔽层。内外半导电屏蔽层均采用加碳黑的交联聚乙烯料,其厚度一般为1～2 mm,体积电阻率一般为10^4 $\Omega \cdot cm$,铜带(丝)对电缆接地故障电流形成回路并提供稳定的地电位,导体截面面积为240 mm^2及以下电缆,一般为铜带屏蔽结构。因此,交联聚乙烯电缆的地线由铜带(丝)引出而不是由铠装钢带引出,这一点非常重要。

66 kV及以上电压等级交联聚乙烯电缆的两种典型结构如图1-15、图1-16所示,其代表型号除YJLY/V型和YJV/Y型外,还有YJQ型、YJLQ型和YJLW型、YJLLW型等。

与35 kV及以下等级电缆相比,66 kV及以上电压等级电缆铠装层不是钢带,而是采用波纹铝(铜、铅、不锈钢)护套,同时起到很好的防水作用。电缆的外护层一般使用PVC材料,在其外层涂有一层导电石墨,其作用是把石墨层作为地端,能方便地对外护套进行

(a)三芯交联聚乙烯绝缘电缆

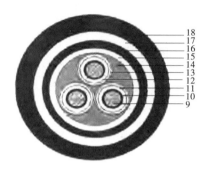

(b)三芯交联聚乙烯绝缘钢带铠装电缆

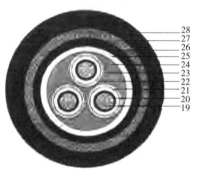

(c)三芯交联聚乙烯绝缘钢丝铠装电缆

(d)外形图

1、9、19—导体;2、10、20—导体屏蔽;3、11、21—绝缘;4、12、22—绝缘屏蔽;5、13、23—铜带屏蔽;

6、14、24—填充物;7、15、25—包带;8、18、28—外护套;16、26—内护

图 1-14 三芯交联聚乙烯电缆的结构示意图

(a)截面图

(b)外形图

1—导线;2—内屏蔽;3—绝缘;4—外屏蔽;5—铜丝屏蔽;6—纵向阻水层;7—综合防水层;8—外护套

图 1-15 66~220 kV 交联聚乙烯电缆结构示意图(一)

耐压试验。

下面就 GB/T 11017.2—2014 中对额定电压 110 kV 交联聚乙烯绝缘电力电缆的规格结构及技术要求加以说明:

(1)导体结构及绝缘厚度,按表 1-4 规定。

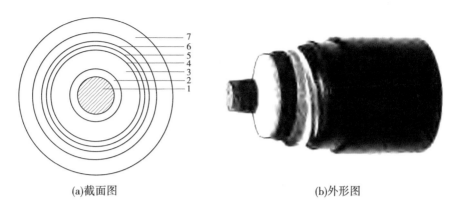

(a)截面图   (b)外形图

1—导线;2—内屏蔽;3—绝缘;4—外屏蔽;5—纵向阻水层;6—金属套(铅套或皱纹铝套);7—外护套

图 1-16 66~220 kV 交联聚乙烯电缆结构示意图(二)

表 1-4 110 kV 交联聚乙烯绝缘电力电缆导体结构及绝缘厚度

导体线芯		标称截面面积(mm²)	导体线芯结构形式	绝缘层标称厚度(mm)	说明
铜线	铝线				
TR 型	LY4 型或 LY6 型	240	绞合圆形紧压	19	1. 铜导体软铜线 TR 型,按《电工圆铜线》(GB/T 3953—2009)规定。 2. 铝线 LY4 型或 LY6 型,按《电工圆铝线》(GB/T 3955—2009)规定。 3. 导体的直流电阻按《电缆的导体》(GB/T 3956—2008)规定。 4. 铜芯分割导体中的单线应不少于170根。 5. 绝缘材料为交联聚乙烯
		300	绞合圆形紧压	18.5	
		400	绞合圆形紧压	17.5	
		500	绞合圆形紧压	17.5	
		630	绞合圆形紧压	16.5	
		800	绞合圆形紧压(或分割导体)	16	
		1 000	铜芯分割导体	16	
		1 200	铜芯分割导体	16	
		(1 400)	铜芯分割导体	16	
		1 600	铜芯分割导体	16	

注:括号内数字为非优选截面面积,下同。

(2)绝缘用交联聚乙烯性能要求见表 1-5。

表 1-5 110 kV 交联聚乙烯绝缘电力电缆绝缘性能要求

项目	单位	性能指标
密度(23 ℃)	g/cm³	0.922±0.002
老化前抗张强度(250 mm/min±50 mm/min)	MPa	≥17.0
老化前断裂伸长率(250 mm/min±50 mm/min)	%	≥500

热延伸试验
  负荷伸长率
  永久变形率
	
	%
	%
		
		≤100
		≤10

续表 1-5

项目	单位	性能指标
凝胶含量	%	≥82
介电常数		≤2.35
介质损失角正切 tanδ		≤5×10⁻⁴
短时工频击穿强度	kV/mm	≥22
体积电阻率 23 ℃	Ω·m	≥1.0×10¹³
杂质最大尺寸(1 000 g 样片中)	mm	≤0.10

（3）导体和绝缘屏蔽用半导电层的性能要求见表 1-6。

表 1-6　110 kV 交联聚乙烯绝缘电力电缆半导电层性能要求

项目	单位	性能指标
密度(23 ℃)	g/cm³	≤1.15
老化前抗张强度(250 mm/min±50 mm/min)	MPa	≥12
老化前断裂伸长率(250 mm/min±50 mm/min)	%	≥150
热延伸试验(200 ℃,0.20 MPa) 　负荷伸长率 　永久变形率	 % %	 ≤100 ≤10
凝胶含量	%	≥65
介电常数		≤2.35
体积电阻率 　23 ℃ 　90 ℃	 Ω·m Ω·m	 <1.0 <3.5

（4）缓冲层及对电缆有纵向阻水层要求的,其采用材料应具备条件:缓冲层应采用弹性材料,或具有纵向阻水功能的弹性阻水膨胀材料;阻水带和阻水绳应具有吸水膨胀性能;半导电性无纺布带和半导电性阻水膨胀带的直流电阻率应小于 1.0×10⁶ Ω·cm;缓冲层和纵向阻水材料应与其相邻的其他材料相容。

（5）金属屏蔽:铜丝屏蔽应由同心疏绕的软铜线组成,铜丝屏蔽层应用铜丝或铜带反向扎紧,相邻屏蔽铜丝的平均间隙应不大于 4 mm。

铜丝屏蔽的截面面积应能满足短路容量的要求。

当电缆结构中采用铅或铝金属套时,金属套可作为金属屏蔽。但当铅套或铝套厚度不能满足用户对短路容量的要求时,将采取增加金属套厚度或增加铜丝屏蔽措施补救。

（6）铅、铝金属套电缆的非金属护套厚度应符合表 1-7 的规定。

表1-7　110 kV 交联聚乙烯绝缘电力电缆非金属护套厚度要求

导体标称截面面积（mm²）	铅套厚度（mm）	铝套厚度（mm）	非金属护套厚度（mm）	导体标称截面面积（mm²）	铅套厚度（mm）	铝套厚度（mm）	非金属护套厚度（mm）
240	2.6	2.0	4.0	1 000	3.0	2.3	4.5
300	2.6		4.0	1 200	3.1		5.0
400	2.7		4.0	(1 400)	3.2		5.0
500	2.7		4.0	1 600	3.3		5.0
630	2.8		4.0				
800	2.9		4.0				

注：非金属外护套的表面应施以均匀牢固的导电层。

（三）橡皮电缆

橡皮用作电缆绝缘材料已有悠久的历史。橡皮绝缘有一系列优点，它在很大温度范围内具有高弹性；对于气体、潮气、水等具有低渗透性、高化学稳定性和电气性能；电缆柔软，可曲度大；但由于价格高，耐电晕性能差，长期以来只用于低压及可曲度要求高的场合。橡皮绝缘电缆长期工作温度一般为65 ℃，使用环境温度不得低于-40 ℃。

橡皮绝缘电缆主要采用挤橡工艺。500 V 两芯非金属护套电缆和裸铝包电缆，截面面积在6 mm² 及以下者，其绝缘线芯允许平行排列制成扁平电缆。多芯电缆则多采用绞合成缆结构，并在绝缘线芯间填用防腐剂浸渍的电缆纱，以保证电缆外形为圆形。线芯截面面积在10 mm² 以上的，为防止橡皮硫化过程中绝缘线芯的变形及提高电缆弯曲性能，有时在绝缘线上包一层胶布带。对于6 000 V 电缆，线芯及绝缘层表面均有一层0.5~0.6 mm 厚的半导电屏蔽层。

为了保护绝缘线芯不受光、潮气、化学药品的侵蚀和机械损伤，在成缆绝缘线芯外再挤以护套。护套有三种：聚氯乙烯护套、氯丁橡皮护套和铅护套。氯丁橡皮护套比聚氯乙烯护套的工艺复杂、成本高，但耐磨、耐气候老化、机械强度较高。铅护套完全不透气体和水分，并具有高的导电率，可同时作为电缆接地屏蔽和接地电流回路。在老产品中，凡严格要求防潮的产品大多用铅护套，但铅价格贵，不能做多次弯曲，耐振差，目前大多已被防潮性良好的橡塑护套所取代。

第四节　电缆的型号及应用范围

电力电缆的产品有数千种，为了适应生产、应用及维护的要求，统一编制产品的型号十分必要。

一、电缆的型号

我国电缆的型号由汉语拼音字母和阿拉伯数字组成。每一个型号表示着一种电缆结

构,同时表明这种电缆的使用场合和某种特征。我国电力电缆产品型号的编制原则如下:

(1)电缆线芯材料、绝缘层材料、内护层材料及特征、特性材料以其汉语拼音的第一个字母大写表示。例如,表明线芯材料的铝用 L 表示,标志绝缘材料的纸用 Z 表示,标志内护层材料的铅用 Q 表示。但也有例外,如铜导体不作表示,聚氯乙烯用 V 表示,交联聚乙烯用 YJ 表示等。

有些特殊性能和结构特征也用汉语拼音的第一个字母大写表示。例如,在绝缘材料前用短线隔开的 ZR、DL、NH 等表示阻燃、低卤、耐火等特性;在内护层的后面用 F、P 等表示分相铅包、屏蔽等结构特征。

(2)电缆外护层的结构则以阿拉伯数字编号(两位数)来代表,没有外护层的电缆可不作表示,十位表示铠装层,个位表示外护套。例如,"20"中的"2"表示钢带铠装,"0"表示没有外护套。

(3)电缆型号中的字母一般按下列次序排列:特性(无特性时省略)—绝缘种类—导体材料(铜芯无表示)—内护层—其他结构特征(无特征时省略)—外护层(无外护层时省略)。此外,还将电缆的工作电压、芯数和截面大小在型号后面表示出来。例如,ZR-YJV22-8.7/15-3×185,表示阻燃、交联聚乙烯绝缘、铜芯、聚氯乙烯内护套、钢带铠装、聚氯乙烯外护套、8.7/15 kV、三芯、185 mm² 截面电力电缆。

下面,将电力电缆型号中字母与数字的含义列于表1-8。

表1-8　电力电缆型号中字母与数字的含义

特征	绝缘种类	导体	内护层	特征	外护层	
					十位	个位
ZR—阻燃 GZR—隔氧阻燃 NH—耐火 DL—低卤 WL—无卤	Z—纸 X—橡皮 V—聚氯乙烯 Y—聚乙烯 YJ—交联聚乙烯	L—铝 铜芯不标注	V—聚氯乙烯内护套 Y—聚乙烯内护套 H—普通橡胶 F—氯丁橡胶 L—铝包 Q—铅包	D—不滴流 F—分相护套 F—屏蔽 Z—直流 CY—充油	1—无铠 2—双层钢带铠装 3—细钢丝铠装 4—粗钢丝铠装	0—无外被套 1—纤维外被套 2—聚氯乙烯外护套 3—聚乙烯外护套

(4)110 kV 交联聚乙烯绝缘电力电缆的型号与意义:

①用途:执行标准 GB/T 11017.2—2014,额定电压 $U_0/U=64/110$ kV(设备最高工作电压有效值 $U_m=126$ kV),通常安装和运行条件下的单芯电力电缆(不适用于特殊条件下敷设,如海底电缆)。

②型号、名称:见表1-9。

表 1-9　110 kV 电缆型号及名称

型号		名称
铜芯	铝芯	
YJLW02	YJLLW02	交联聚乙烯绝缘皱纹铝套或焊接皱纹铝套聚氯乙烯护套电力电缆
YJLW03	YJLLW03	交联聚乙烯绝缘皱纹铝套或焊接皱纹铝套聚乙烯护套电力电缆
YJLW02-Z	YJLLW02-Z	交联聚乙烯绝缘皱纹铝套或焊接皱纹铝套聚氯乙烯护套纵向阻水电力电缆
YJLW03-Z	YJLLW03-Z	交联聚乙烯绝缘皱纹铝套或焊接皱纹铝套聚乙烯护套纵向阻水电力电缆
YJQ02	YJLQ02	交联聚乙烯绝缘铅套聚氯乙烯护套电力电缆
YJQ03	YJLQ03	交联聚乙烯绝缘铅套聚乙烯护套电力电缆
YJQ02-Z	YJLQ02-Z	交联聚乙烯绝缘铅套聚氯乙烯护套纵向阻水电力电缆
YJQ03-Z	YJLQ03-Z	交联聚乙烯绝缘铅套聚乙烯护套纵向阻水电力电缆
YJA03	YJLA03	交联聚乙烯绝缘金属复合聚乙烯护套电力电缆
YJA03-Z	YJLA03-Z	交联聚乙烯绝缘金属复合聚乙烯护套纵向阻水电力电缆

注：1. 皱纹铝套包括挤包皱纹铝套和铝带焊接皱纹铝套，按《电缆金属套　第 1 部分：总则》（JB/T 5268.1—2011）两者代号均为 LW；焊接皱纹铝套应在产品名称中明确表示，名称中未注明"焊接"的即为挤包皱纹铝套。
　　2. 型号含义：YJ—交联聚乙烯绝缘（系列产品代号）；T—铜芯导体（省略）；A—金属塑料复合护套；L—铝芯导体；02—聚氯乙烯外护套；Q—铅合金套；03—聚乙烯外护套；LW—皱纹铝套；Z—纵向阻水结构。

二、电缆的适用场合

由于目前油纸绝缘电缆已很少采用，故这里不做重点介绍。橡皮绝缘电力电缆、聚氯乙烯绝缘电力电缆、交联聚乙烯绝缘电力电缆的型号、名称与适用场合分别列于表 1-10～表 1-14。

表 1-10　黏性浸渍纸绝缘电力电缆的型号、名称与适用场合

型号	名称	适用场合
ZQ ZLQ	铜芯或铝芯黏性浸渍纸绝缘裸铅套电力电缆	室内、电缆沟及管道中，可适用于易燃、严重腐蚀的环境
ZQ02 ZLQ02	铜芯或铝芯黏性浸渍纸绝缘铅套聚氯乙烯护套电力电缆	架空、室内、隧道、电缆及管道中，可适用于易燃、严重腐蚀的环境
ZQ20 ZLQ20	铜芯或铝芯黏性浸渍纸绝缘铝套裸钢带铠装电力电缆	室内、隧道、电缆沟、易燃的环境
ZQ21 ZLQ21	铜芯或铝芯黏性浸渍纸绝缘铅套钢带铠装纤维外被套电力电缆	直埋
ZQ22 ZLQ22	铜芯或铝芯黏性浸渍纸绝缘铅套钢带铠装纤维外被护套电力电缆	室内、隧道、电缆沟、一般土壤、多砾石、易燃、严重腐蚀的环境

续表 1-10

型号	名称	适用场合
ZQ30 ZLQ30	铜芯或铝芯黏性浸渍纸绝缘铅套裸细钢丝铠装电力电缆	竖井、易燃环境
ZQ32 ZLQ32	铜芯或铝芯黏性浸渍纸绝缘铅套细钢丝铠装聚氯乙烯护套电力电缆	一般土壤、多砾石、竖井、水下、易燃、严重腐蚀的环境
ZQ41 ZLQ41	铜芯或铝芯黏性浸渍纸绝缘铅套粗钢丝铠装纤维外被套电力电缆	水下、可承受较大的机械拉力
ZQF20 ZLQF20	铜芯或铝芯黏性浸渍纸绝缘分相铅套裸钢带铠装电力电缆	同 ZQ20、ZLQ20（一般用于较高电压等级）
ZQF21 ZLQF21	铜芯或铝芯黏性浸渍纸绝缘分相铅套钢带铠装纤维被套电力电缆	同 ZQ21、ZLQ21（一般用于较高电压等级）
ZQF22 ZLQF22	铜芯或铝芯黏性浸渍纸绝缘分相铅套钢带铠装聚氯乙烯护套电力电缆	同 ZQ22、ZLQ22（一般用于较高电压等级）

表 1-11　不滴流油浸纸绝缘电力电缆的型号、名称与适用场合

型号	名称	适用场合
ZQD ZLQD	铜芯或铝芯不滴流油浸纸绝缘裸铅套电力电缆	室内、电缆沟及管道中，可适用于易燃、严重腐蚀的环境
ZQD02 ZLQD02	铜芯或铝芯不滴流油浸纸绝缘铅套聚氯乙烯护套电力电缆	架空、室内、隧道、电缆沟及管道中，可适用于易燃、严重腐蚀的环境
ZQD20 ZLQD20	铜芯或铝芯不滴流油浸纸绝缘铅套裸钢带铠装电力电缆	室内、隧道、电缆沟、易燃的环境
ZQD21 ZLQD21	铜芯或铝芯不滴流油浸纸绝缘铅套钢带铠装纤维外被套电力电缆	土壤
ZQD22 ZLQD22	铜芯或铝芯不滴流油浸纸绝缘铅套钢带铠装聚氯乙烯护套电力电缆	室内、隧道、电缆沟、一般土壤、多砾石、易燃、严重腐蚀的环境
ZQD30 ZLQD30	铜芯或铝芯不滴流油浸纸绝缘铅套裸细钢丝铠装电力电缆	竖井、易燃环境
ZQD32 ZLQD32	铜芯或铝芯不滴流油浸纸绝缘铅套细钢丝铠装聚氯乙烯护套电力电缆	一般土壤、多砾石、竖井、水下、易燃、严重腐蚀环境
ZQD41 ZLQD41	铜芯或铝芯不滴流油浸纸绝缘铅套粗钢丝铠装纤维外被套电力电缆	水下，可承受较大的机械拉力

续表 1-11

型号	名称	适用场合
ZQFD20 ZLQFD20	铜芯或铝芯不滴流油浸纸绝缘分相铅套裸钢带铠装电力电缆	同 ZQD20、ZLQD20（一般用于较高电压等级）
ZQFD21 ZLQFD21	铜芯或铝芯不滴流油浸纸绝缘分相铅套钢带铠装纤维外被套电力电缆	同 ZQD21、ZLQD21（一般用于较高电压等级）
ZQFD22 ZLQFD22	铜芯或铝芯不滴流油浸纸绝缘分相铅套钢带铠装聚氯乙烯护套电力电缆	同 ZQD22、ZLQD22（一般用于较高电压等级）
ZQFD41 ZLQFD41	铜芯或铝芯不滴流油浸纸绝缘分相铅套粗钢丝铠装纤维外被套电力电缆	同 ZQD41、ZLQD41（一般用于较高电压等级）

表 1-12　橡皮绝缘电力电缆的型号、名称与适用场合

型号	名称	适用场合
XQ XLQ	铜芯或铝芯橡皮绝缘裸铅护套电力电缆	室内、隧道或沟管内,不能承受机械外力,铅护套需要中性环境
XQ20 XLQ20	铜芯或铝芯橡皮绝缘铅护套裸钢带铠装电力电缆	室内、隧道及沟管内,不能承受大的拉力
XQ21 XLQ21	铜芯或铝芯橡皮绝缘铅护套钢带铠装纤维外被套电力电缆	直埋,不能承受大的拉力
XQV22 XLQV22	铜芯或铝芯橡皮绝缘聚氯乙烯内护层钢带铠装聚氯乙烯外护套电力电缆	直埋,不能承受大的拉力
XV XLV	铜芯或铝芯橡皮绝缘聚氯乙烯护套电力电缆	室内、隧道及沟管内,不能承受机械外力
XF XLF	铜芯或铝芯橡皮绝缘裸氯丁橡皮套电力电缆	防火场合,不能承受机械外力

表 1-13　聚氯乙烯绝缘电力电缆的型号、名称与适用场合

型号	名称	适用场合
VV VLV	铜芯或铝芯聚氯乙烯绝缘聚氯乙烯护套电力电缆	室内、隧道及管道中,电缆不能承受机械外力
VY VLY	铜芯或铝芯聚氯乙烯绝缘聚乙烯护套电力电缆	隧道、管道及严重污染区,电缆不能承受机械外力

续表 1 13

型号	名称	适用场合
VV22 VLV22	铜芯或铝芯聚乙烯绝缘钢带铠装聚氯乙烯护套电力电缆	室内、直埋、隧道、矿井,电缆不能承受拉力
VV23 VLV23	铜芯或铝芯聚氯乙烯绝缘钢带铠装聚乙烯护套电力电缆	室内、直埋、隧道、矿井及严重污染区,电缆不能承受拉力
VV32 VLV32	铜芯或铝芯聚氯乙烯绝缘细钢丝铠装聚氯乙烯护套电力电缆	室内、直埋、矿井,电缆能承受拉力
VV33 VLV33	铜芯或铝芯聚氯乙烯绝缘细钢丝铠装聚乙烯护套电力电缆	室内、直埋、矿井及严重污染区,电缆能承受拉力
VV42 VLV42	铜芯或铝芯聚氯乙烯绝缘粗钢丝铠装聚氯乙烯护套电力电缆	室内、直埋、矿井,电缆能承受较大拉力
VV43 VLV43	铜芯或铝芯聚氯乙烯绝缘粗钢丝铠装聚乙烯护套电力电缆	室内、直埋、矿井及严重污染区,电缆能承受较大拉力
NH-VV NH-VLV	耐火铜芯或铝芯聚氯乙烯绝缘聚氯乙烯护套电力电缆	室内、医院、控制指挥中心等重要场合,电缆能承受短时火焰作用

表 1-14　交联聚乙烯绝缘电力电缆的型号、名称与适用场合

型号	名称	适用场合
YJV YJLV	铜芯或铝芯交联聚乙烯绝缘聚氯乙烯护套电力电缆	室内、隧道、管道、电缆沟及地下直埋等
YJV22 YJLV22	铜芯或铝芯交联聚乙烯绝缘钢带铠装聚氯乙烯护套电力电缆	室内、隧道、电缆沟及地下直埋等
YJV32 YJLV32	铜芯或铝芯交联聚乙烯绝缘细钢丝铠装聚氯乙烯护套电力电缆	高落差、竖井等
YJV42 YJLV42	铜芯或铝芯交联聚乙烯绝缘粗钢丝铠装聚氯乙烯护套电力电缆	海底电缆,承受大的拉力
DL-YJV	铜芯交联聚乙烯绝缘低烟低卤阻燃聚氯乙烯电力电缆	宾馆、写字楼、娱乐场所等室内,燃烧气体毒性小
DL-YJV22	铜芯交联聚氯乙烯绝缘钢带铠装低烟低卤阻燃聚乙烯电力电缆	宾馆、写字楼、娱乐场所等室内,可承受机械外力,燃烧气体毒性小
DL-YJV32	铜芯交联聚氯乙烯绝缘细钢丝铠装低烟低卤阻燃聚乙烯电力电缆	宾馆、写字楼、娱乐场所等室内,可承受拉力,燃烧气体毒性小

续表 1-14

型号	名称	适用场合
WL-YJV	铜芯交联聚乙烯绝缘低烟无卤阻燃聚氯乙烯电力电缆	宾馆、写字楼、娱乐场所等室内,燃烧气体无毒
WL-YJV22	铜芯交联聚乙烯绝缘钢带铠装低烟无卤阻燃聚氯乙烯电力电缆	宾馆、写字楼、娱乐场所等室内,可承受机械外力,燃烧气体无毒
WL-YJV32	铜芯交联聚乙烯绝缘细钢丝铠装低烟无卤阻燃聚氯乙烯电力电缆	宾馆、写字楼、娱乐场所等室内,可承受拉力,燃烧气体无毒
GZR-YJV	铜芯交联聚乙烯绝缘隔氧阻燃电力电缆	宾馆、写字楼、娱乐场所等室内
GZ-YJV22	铜芯交联聚乙烯绝缘钢带铠装隔氧阻燃电力电缆	宾馆、写字楼、娱乐场所等室内,可承受机械外力
GZ-YJV32	铜芯交联聚乙烯绝缘细钢丝铠装隔氧阻燃电力电缆	宾馆、写字楼、娱乐场所等室内,可承受拉力

110 kV 交联聚乙烯电力电缆使用特性(条件)如下:

(1)适合于运行在《高压电缆选择导则》(JB/T 8996—2014)规定的 A 类系统(主干线路)。

(2)电缆正常运行时导体允许的长期最高工作温度为 90 ℃。

注意:短路时(最长持续时间不超过 5 s),电缆导体允许的最高温度为 250 ℃。

(3)电缆安装时允许的最小弯曲半径一般为直径的 20 倍。

(4)电缆的使用环境(场所),应符合《电缆外护层　第 2 部分:金属套电缆外护层》(GB/T 2952.2—2008)的规定,应参照:

①铅套电缆:腐蚀较严重但无硝酸、醋酸、有机质(如煤泥)及强碱性腐蚀质,且受机械力(拉力、压力、振动等)不大的场所。

②铝套电缆:腐蚀不严重和要求承受一定机械力的场所(如直接与变压器连接,敷设在桥梁上和竖井中等)。

③金属塑料复合护层电缆,主要适用于受机械力(拉力、压力、振动等)不大,无腐蚀或腐蚀轻微,且不直接与水接触的一般潮湿场所。

④聚氯乙烯外护套电缆主要适用于有一般防火要求和对外护套有一定绝缘要求的电缆线路。

⑤聚乙烯外护套电缆主要适用于绝缘要求较高的直埋敷设的电缆线路。对-20 ℃以下的低温环境,或化学液体浸泡场所,以及燃烧时有低毒性要求的电缆,宜采用聚乙烯外护套。聚乙烯外护套如有必要用于隧道或竖井时,应按《电力工程电缆设计规范》(GB 50217—2018)要求采取相应的防火、阻燃措施。

第二章

电力电缆线路的敷设

第一节　电缆敷设的基本知识

本节主要介绍电力电缆常见的敷设方式和要求,使学员熟悉各种电缆敷设方式的特点、基本要求,并为后续介绍各种方式的电缆敷设做好知识储备。

一、电缆敷设方式

电缆敷设是指沿经勘查的路由布放、安装电缆以形成电缆线路的过程。合理选择电缆的敷设方式对保证线路的传输质量、可靠性和施工维护等都是十分重要的。

电力电缆线路敷设方式应根据所在地区的环境地理条件、敷设电缆用途、供电方式、投资情况而定,电缆的敷设方式一般有直埋敷设、电缆沟敷设、电缆隧道敷设、排管敷设和架空敷设等几种。其中电缆沟有普通电缆沟和充砂电缆沟两种。架空敷设分电缆架空廊道(电缆桥)、沿建筑物采用支架或梯架敷设及钢索悬挂几种。

各种敷设方式均有优缺点,采用何种敷设方式,视具体情况而定。一般要考虑城市及企业的发展规划、现有建筑物的密度、电缆线路的长度、敷设电缆的条件及周围环境的影响等。

本节对常见的电缆敷设方式进行简要介绍,后续将详细介绍各种敷设步骤及技术要求。

(一) 直埋敷设

将电缆直接埋设在土壤中的敷设方式称为直埋敷设,见图 2-1。直埋敷设不需要大量的土建工程,施工周期较短,是一种较经济的敷设方式。它适用于电缆线路不太密集的城市地下走廊,如市区人行道、公共绿地、建筑物边缘地带等。

(二) 排管敷设

将电缆敷设于预先建好的地下排管中的安装方法,称为电缆排管敷设,见图 2-2。排管敷设适用于交通比较繁忙、地下走廊比较拥挤、敷设电缆数较多的地段。敷设在排管中的电缆应有塑料外护套,不得有金属铠装层。

图 2-1　直埋敷设

图 2-2　排管敷设

（三）电缆沟敷设

将电缆敷设于预先建好的电缆沟中的安装方式，称为电缆沟敷设，见图2-3。它适用于并列安装多列电缆的场所，如发电厂及变电所内、工厂厂区或城市人行道等。根据并列安装的电缆数量，需在沟的单侧或双侧装置电缆支架，敷设的电缆应固定在支架上。

（四）电缆桥梁敷设

将电缆敷设在交道桥梁或专用电缆桥上的电缆安装方式称为电缆桥梁敷设，如图2-4所示，是在短跨距的交通桥梁上敷设电缆。电缆应敷设于电缆桥架内，并做蛇形敷设。在桥埠部位设过渡工井，以吸收过桥部分电缆的热伸缩量。

图2-3　电缆沟敷设

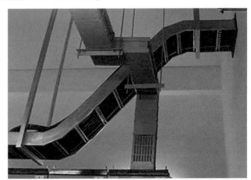
图2-4　电缆桥梁敷设

（五）电缆竖井敷设

将电缆敷设在竖井中的电缆安装方式，称为电缆竖井敷设，采用竖井作为多根电缆的通道，土建投资比较节省。它适用于水电站、电缆隧道出口以及高层建筑等场所。竖井是垂直的电缆通道，上、下高程差较大。

（六）电缆隧道敷设

将电缆线路敷设于电缆隧道中的安装方式，称为电缆隧道敷设，见图2-5。电缆隧道是能够容纳较多电缆的地下土建设施。隧道人行通道宽度为 0.8～1.0 m，高度为 1.9～2.0 m。隧道应具有照明、排水装置，并采用自然通风和机械通风相结合的通风方式。隧道内还应具有烟雾报警、自动灭火、灭火箱、消防栓等消防设备。

电缆隧道敷设适用于大型电厂、变电所的电缆进出线通道、并列敷设电缆16条以上或为3回路及以上高压电缆通道，以及不适宜敷设水底电缆的内河等场所。

（七）水底电缆敷设

敷设于江、河、湖、海底下的电缆安装方式，称为水底电缆敷设，见图2-6。它适用于跨越两个陆地之间水域的输配电电缆线路安装，或者向岛屿和海中石油平台供电。

二、电缆敷设基本要求

对不同的电缆敷设方式有不同的技术要求，但对各种电缆敷设方式都有共同的基本要求，主要有以下几点：

（1）电缆的路径选择应符合下列规定：

图 2-5　电缆隧道敷设

图 2-6　水底电缆敷设

①应避免电缆遭受机械性外力、过热、腐蚀等危害；

②满足安全要求条件下，应保证电缆路径最短；

③应便于敷设、维护；

④宜避开将要挖掘施工的地方；

⑤充油电缆线路通过起伏地形时，应保证供油装置合理配置。

（2）电缆在任何敷设方式及其全部路径条件的上下左右改变部位，均应满足电缆允许弯曲半径要求，并应符合电缆绝缘及其构造特性的要求。对自容式铅包充油电缆，其允许弯曲半径可按电缆外径的 20 倍计算。

（3）同一通道内电缆数量较多时，若在同一侧的多层支架上敷设，应符合下列规定：

①宜按电压等级由高至低的电力电缆、强电至弱电的控制和信号电缆、通信电缆"由上而下"的顺序排列；当水平通道中含有 35 kV 以上高压电缆，或为满足引入柜盘的电缆符合允许弯曲半径要求时，宜按"由下而上"的顺序排列；在同一工程中或电缆通道延伸于不同工程的情况下，均应按相同的上下排列顺序配置。

②支架层数受通道空间限制时，35 kV 及以下的相邻电压级电力电缆可排列于同一层支架上；少量 1 kV 及以下电力电缆在采取防火分隔和有效抗干扰措施后，也可与强电控制、信号电缆配置在同一层支架上。

③同一重要回路的工作与备用电缆应配置在不同层或不同侧的支架上，并应实行防火分隔。

（4）同一层支架上电缆排列的配置宜符合下列规定：

①控制和信号电缆可紧靠或多层叠置；

②除交流系统用单芯电力电缆的同一回路可采取品字形（三叶形）配置外，对重要的同一回路多根电力电缆，不宜叠置；

③除交流系统用单芯电缆情况外，电力电缆的相互间宜有 1 倍电缆外径的空隙。

（5）交流系统用单芯电力电缆的相序配置及其相间距离应符合下列规定：

①应满足电缆金属套的正常感应电压不超过允许值；

②宜使按持续工作电流选择的电缆截面面积最小；

③未呈品字形配置的单芯电力电缆，有两回线及以上配置在同一通路时，应计入相互影响；

④当距离较长时,高压交流系统三相单芯电力电缆宜在适当位置进行换位,保持三相电抗相均等。

(6)交流系统用单芯电力电缆与公用通信线路相距较近时,宜维持技术经济上有利的电缆路径,必要时可采取下列抑制感应电势的措施:

①使电缆支架形成电气通路,且计入其他并行电缆抑制因素的影响;

②对电缆隧道的钢筋混凝土结构实行钢筋网焊接连通;

③沿电缆线路适当附加并行的金属屏蔽线或罩盒等。

(7)明敷的电缆不宜平行敷设在热力管道的上部。电缆与管道之间无隔板防护时的允许最小净距,除城市公共场所应按现行国家标准《城市工程管线综合规划规范》(GB 50289—2016)执行外,尚应符合表2-1的规定。

表2-1　电缆与管道之间无隔板防护时的允许最小净距　　　　（单位:mm）

电缆与管道之间走向		电力电缆	控制和信号电缆
热力管道	平行	1 000	500
	交叉	500	250
其他管道	平行	150	100

注:1.计及最小净距时,应从热力管道保温层外表面算起;
2.表中与热力管道之间的数值为无隔热措施时的最小净距。

(8)抑制对弱电回路控制和信号电缆电气干扰强度,应采取下列措施:

①与电力电缆并行敷设时,相互间距在可能范围内宜远离,对电压高、电流大的电力电缆,间距宜更远;

②敷设于配电装置内的控制和信号电缆,与调合电容器或电容式电压互感器、避雷器或避雷针接地处的距离,宜在可能范围内远离;

③沿控制和信号电缆可平行敷设屏蔽线,也可将电缆敷设于钢制管或盒中。

(9)在主隧道、沟、浅槽、竖井、夹层等封闭式电缆通道中,不得布置热力管道,严禁有可燃气体或可燃液体的管道穿越。

(10)爆炸性气体环境敷设电缆应符合下列规定:

①在可能范围宜保证电缆距爆炸释放源较远,敷设在爆炸危险较小的场所,并应符合下列规定:可燃气体比空气重时,电缆宜埋地或在较高处架空敷设,且对非铠装电缆采取穿管或置于托盘、槽盒中等进行机械性保护;可燃气体比空气轻时,电缆宜敷设在较低处的管、沟内;采用电缆沟敷设时,电缆沟内应充砂。

②电缆在空气中沿输送可燃气体的管道敷设时,只配置在危险程度较低的管道一侧,并应符合下列规定:可燃气体比空气重时,电缆宜配置在管道上方;可燃气体比空气轻时,电缆宜配置在管道下方。

③电缆及其管、沟穿过不同区域之间的墙、板孔洞处,应采用防火封堵材料严密堵塞。

④电缆线路中不应有接头。

(11)用于下列场所、部位的非铠装电缆,应采用具有机械强度的管或罩加以保护:

①非电气人员经常活动场所的地坪以上2 m内、地中引出的地坪以下0.3 m深电缆

区段；

②可能有载重设备移经电缆上面的区段。

（12）除架空绝缘型电缆外的非户外型电缆,户外使用时,宜采取罩、盖等遮阳措施。

（13）电缆敷设在有周期性振动的场所时,应采取下列措施:

①在支持电缆部位设置由橡胶等弹性材料制成的衬垫;

②电缆蛇形敷设不满足伸缩缝变形要求时,应设置伸缩装置。

（14）在有行人通过的地坪、堤坝、桥面、地下商业设施的路面,以及通行的隧洞中,电缆不得敞露敷设于地坪或楼梯走道上。

（15）在工厂和建筑物的风道中,严禁电缆敞露式敷设。

（16）1 kV 及以下电源、中性点直接接地且配置独立分开的中性导体和保护导体构成的 TN-S 系统,采用独立于相导体和中性导体以外的电缆做保护导体时,同一回路的该两部分电缆敷设方式应符合下列规定:

①在爆炸性气体环境中,应敷设在同一路径的同一结构管、沟或盒中;

②除本条第①款规定的情况外,宜敷设在同一路径的同一构筑物中。

（17）电缆的计算长度应包括实际路径长度与附加长度。附加长度宜计入下列因素:

①电缆敷设路径地形等高差变化、伸缩节或迂回备用裕量。

②35 kV 以上电缆蛇形敷设时的弯曲状影响增加量。

③终端或接头制作所需剥截电缆的预留段、电缆引至设备或装置所需的长度。35 kV 及以下电缆敷设度量时的附加长度应符合国家标准《电力工程电缆设计标准》(GB 50217—2018)附录 G 的规定。

（18）电缆的订货长度应符合下列规定:

①长距离的电缆线路宜采用计算长度作为订货长度;对 35 kV 以上单芯电缆,应按相计算;线路采用交叉互联等分段连接方式时,应按段开列。

②对 35 kV 及以下电缆用于非长距离时,宜计及整盘电缆中截取后不能利用其剩余段的因素,按计算长度计入 5%~10% 的裕量,作为同型号规格电缆的订货长度。

③水下敷设电缆的每盘长度不宜小于水下段的敷设长度,有困难时可含有工厂制作的软接头。

（19）核电厂安全级电路和相关电路与非安全级电路电缆通道应满足实体隔离的要求。

三、电缆敷设装备

电缆敷设是一个工程量较大的工作,电缆敷设质量关系着电缆是否能够安全稳定地运行,下面对电缆敷设需要用到的装备进行介绍。

(一)电力电缆盘放线支架和电力电缆盘轴

电力电缆盘放线支架用以支撑和施放电力电缆盘。电力电缆盘放线支架的高低和电力电缆盘轴的长短视电力电缆质量而定。为了能将电力电缆盘从地面抬起,并在盘轴上平稳滚动,特制的电力电缆盘放线支架是电力电缆施工时必不可少的机具。它不但要满足现场使用轻巧的要求,而且当电力电缆盘转动时它应有足够的稳定性,不致倾倒。通常电力电缆盘放线支架的设计,还要考虑能适用于多种电力电缆盘直径的通用,电力电缆从电力电缆盘上端施放(见图 2-7)。电力电缆盘的放置,应使拉放方向与滚动方向相反。

图 2-7　电力电缆从电力电缆盘上端施放

施放电力电缆时,应用手转动电力电缆盘,以免产生不允许的拉伸应力。无论如何,不得从电力电缆卷上或卧放的电力电缆盘上抬举电力电缆圈,否则将使电力电缆扭曲并受到损伤。

在电力电缆被牵引大部分长度后,电力电缆内端将会移动,通过电力电缆盘向箭头相反方向转动,当出现电力电缆内圈松动时,应重新固定已松动的电力电缆内端,避免出现电力电缆层互相叠压,影响电力电缆施放。

(二)千斤顶

千斤顶在敷设时用以顶起电力电缆盘(见图 2-8)。千斤顶按工作原理可分为螺旋式和液压式两种类型。螺旋式千斤顶携带方便,维修简单,使用安全;起重高度为 110~200 mm,可举升质量为 3~100 t。液压式千斤顶起重量大,工作平稳,操作省力,承载能力大,自重轻,使用搬运方便;起重高度为 100~200 mm,可举升质量为 3~320 t。

图 2-8　千斤顶

(三)机动绞磨

机动绞磨在敷设电力电缆时用以牵引电力电缆端头(见图 2-9)。绞磨机起重能力强,速度可通过变速箱调节,体积小,操作方便安全。

图2-9 机动绞磨

(四)滑轮组

敷设电力电缆时将电力电缆放于滑轮上,以避免对电力电缆外护套的伤害并减小牵引力。滑轮按引导方向大致分为直线用途滑轮和转角用途滑轮两种。直线用途滑轮又包含了直线滑轮、桥架滑轮、管口滑轮等;转角用途滑轮包含的种类更多,包括大弯滑轮、小弯滑轮、井口弯滑轮等。直线用途滑轮适用于直线牵引段,转角用途滑轮适用于电力电缆线路转弯处。滑轮组的数量按电力电缆线路长短配备,在保证电缆不受损伤的前提下确定滑轮之间的间距。电力电缆施放用滑轮如图2-10所示。

图2-10 电力电缆施放用滑轮

(五)电力电缆牵引头和电力电缆钢丝牵引网套

电力电缆牵引头是在敷设电力电缆时用以拖曳电力电缆的专用装备。电力电缆牵引头不但是电力电缆端部的一个密封套头,而且是在牵引电力电缆时将牵引力过渡到电力电缆导体的连接件,适用于较长线路的敷设。电力电缆钢丝牵引网套适用于电力电缆线路不长的线路敷设,因为用钢丝牵引网套套在电力电缆端头,只是将牵引力过渡到电力电缆护层上,而护层的允许牵引强度较小,因此它不能代替电力电缆牵引头。在专用的电力电缆牵引头和钢丝牵引网套上,还装有防捻器,用来消除用钢丝绳牵引电力电缆时电力电缆的扭转应力。因为在施放电力电缆时,电力电缆有沿其轴心自转的趋势,电力电缆越长,自转的角度越大。用机械牵引电力电缆时在牵引头(或单头网套)与牵引绳之间加防捻器,以防止牵引绳因旋转打扭。电力电缆牵引装置如图2-11所示。

(六)电力电缆盘制动装置

电力电缆盘在转动过程中应根据需要进行制动,以避免在停止牵引后电力电缆继续滚动引起电力电缆弯折而造成的伤害。电力电缆盘可使用木板制动,用支架的螺杆将盘轴向上顶起(质量较大的电力电缆盘放置在液压电力电缆盘支架上),直到竖向上卡不住木板为止。

(a)防捻器　　　　　(b)牵引头　　　　　(c)钢丝牵引网套(蛇皮套)

图 2-11　电力电缆牵引装置

(七) 安全防护遮栏及红色警示灯

施工现场的周围应设置安全防护遮栏和警告标志,在夜间应使用红色警示灯作为警告标志。

第二节　直埋敷设

本节主要介绍电力电缆直埋敷设方式的特点、工程前期准备、敷设施工方法与技术要求,通过介绍,使学员掌握直埋敷设基本要求,能够为相关工程实践做指导。

一、直埋敷设特点

将电缆直接埋设在土壤中的敷设方式称为直埋敷设。直埋敷设不需要大量的土建工程,施工周期较短,是一种较经济的敷设方式。直埋敷设的优点是电缆埋设在土壤中,一般散热条件比较好,线路输送容量比较大。缺点是电缆较容易遭受机械性外力损伤,容易受到周围土壤的化学腐蚀,电缆故障修理和更换电缆比较困难。地下管网较多的地段,可能有熔化金属、高温液体和对电缆有腐蚀液体溢出的场所,待开发、有较频繁开挖的地方,不易采用直埋敷设。

二、直埋敷设工程前期准备

(一) 线路位置确认

电缆线路设计书所标注的电缆线路位置,必须经有关部门确认。敷设施工前应申办电缆线路管线执照、掘路执照和道路施工许可证。应开挖足够的样洞,了解线路路径邻近地下管线情况,并最后确定电缆路径。然后召开敷设施工配合会议,明确各公用管线和绿化管理单位的配合、赔偿事项。如果邻近其他地下管线和绿化需迁让,应办理书面协议。

(二) 编制工程施工组织设计和敷设施工作业指导书

明确施工组织机构,制订安全生产保证措施、施工质量保证措施及文明施工保证措施。熟悉工程施工图,根据开挖样洞情况,对施工图做必要修改。确定电缆分段长度和接头位置。编制敷设施工作业指导书。

(三)编制施工计划和进行电缆验收检查

确定各段敷设方案和必要的技术措施,施工前对各盘电缆进行验收,检查电缆有无机械损伤,封端是否良好,有无电缆质保书,进行绝缘校潮试验、油样试验和护层绝缘试验等。

(四)工程主要材料、机具设备和运输机械的准备

除电缆外,主要材料包括各种电缆附件、电缆保护盖板(见图 2-12)、过路导管。机具设备包括各种挖掘机械、敷设专用机械、工地临时设施(工棚)、施工围栏、临时路基板。运输方面的准备是应根据每盘电缆的重量制订运输计划。高压电缆每盘重达 20 t 左右,应备有相应的大件运输装卸设备。

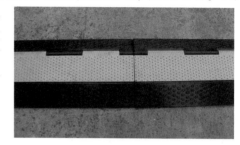

图 2-12　电缆保护盖板

三、直埋敷设施工方法与技术要求

(一)施工顺序

电缆直埋敷设应分段施工,一般以一盘电缆的长度为一施工段。施工顺序为:预埋过路导管—挖掘电缆沟—敷设电缆—电缆上覆盖 15 cm 厚细土或砂—盖电缆保护盖板及标识带—回填土。当一个敷设段完工清理之后再进行第二段敷设施工。

1. 放样画线

根据图纸和复测记录,确定拟敷设电缆线路的走向,然后进行画线。

在市区敷设时,可以用石灰粉和细长绳子在路面上标明电缆沟的位置及宽度。电缆沟宽度应根据敷设电缆的条数及电缆间距而定;在农村施工时,可用引路标杆或竹标钉在地面上标明电缆沟位置。

画线时应尽量保持电缆沟为直线,拐弯处的曲率半径不得小于电缆的最小允许弯曲半径。山坡上的电缆沟,应挖成蛇形曲线状,曲线的振幅为 1.5 m,这样可以减小坡度和最高点的受力强度。

2. 挖沟

根据放样画线的位置开挖电缆沟,不得出现波浪状,以免路径偏移。电缆沟应垂直开挖,不可以上窄下宽或掏空挖掘,挖出的泥土、碎石等分别放置在距电缆沟边 300 mm 以上的两侧,这样既可以避免石块等硬物滑进沟内使电缆受到机械损伤,又留出了人工敷缆时的通道。

在不太坚固的建筑物旁挖掘电缆沟时,应事先做好加固措施;在土质松软地带施工时,应在沟壁上加装护土板以防电缆沟坍塌;在经常有人行走处挖电缆沟时,应在上面设置临时跳板,以免影响交通;在市区街道和农村交通要道处开挖电缆沟时,应设置栏凳和警告标志。

由于电缆的埋设深度规定不小于 700 mm,所以电缆沟的深度在考虑垫砂和电缆直径后应不小于 850 mm。如果电缆路径上有平整地面的计划,则应使电缆的埋设深度在平整地面之后仍能达到标准深度。

3.敷设过路管

当电缆线路需要穿越公路或铁路时,应先将过路导管全部敷设完毕,以便于电缆敷设的顺利进行。

过路导管的敷设有两种方法:一种是开挖敷设;另一种是不开挖路面的顶管法。前者在道路很宽或地下管线复杂而顶管困难时使用,为了不中断交通,应按路宽分半施工,必要时应在夜间车少时施工。后者是在铁路或公路两侧各挖掘一个作业坑,用液压动力顶管机将钢管从一侧顶至另一侧。这种方法不仅不影响路面交通,还节省因恢复路面所需的材料和工时费用,应予提倡。

4.敷设电缆

敷设电缆前,应对挖好的电缆沟认真地检查其深度、宽度和拐角处的弯曲半径是否合格,所需的细砂、盖板和砖是否分别放在电缆沟两侧,过路保护管是否埋好,管口是否已胀成喇叭口状,管内是否已穿好铁线或麻绳,管内有无其他杂物。当电缆沟验收合格之后,方可在沟底铺上100 mm 厚的砂层,并开始敷设电缆。典型的直埋敷设沟槽布置断面图如图 2-13 所示。

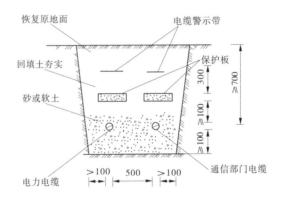

图 2-13　直埋敷设沟槽布置断面图　（单位:mm）

采用人工敷设电缆时,电缆长、人员多,因此对动作的协调性要求较高。为了提高工作效率,应设专人指挥(2~3 人,其中一人为指挥长),专人领线,专人看盘。在线路的拐角处,穿越铁路、公路及其他障碍点处,要派有经验的电缆工看守,以便及时发现和处理敷设电缆过程中出现的问题。敷设电缆前,指挥长应向全体施工人员交代清楚"停""走"的信号和口笛声响的规定。线路上每间隔 50 m 左右,应安排助理指挥一名,以保证信号传达的及时和准确。

施放电缆时,应先将电缆盘用支架支撑起来,电缆盘的下边缘与地面距离不应小于100 mm。施放电缆过程中看盘人员在电缆盘的两侧协助推盘放线和负责刹住、转动。电缆从盘上松下由专人领线拖曳沿电缆沟边行走时,电缆应从盘的上端引出,以防停止牵引的瞬间,由于电缆盘转动的惯性而不能立即刹住,造成电缆碰地且弯曲半径太小或擦伤电缆外护层。为了不让电缆过度弯曲,每间隔 1.5~2 m 设一人扛电缆行走。首先,扛电缆的所有人员应站在电缆的同侧,拐角处应站在外侧,当电缆穿越管道或其他障碍物时,应用手慢慢传递或在对面用绳牵引。电缆盘上的电缆放完以后,将全部电缆放在沟沿上。

然后,听从口令,从一端开始依次放入沟内。最后,检查所敷电缆是否损伤并将其摆直。电缆施放过程如图2-14所示。

图2-14　电缆施放过程

采用机械敷设电缆可以节省人力,具体做法是:先将沟底放好滑轮,每间隔2~2.5 m放一只,先将电缆松下并放在滑轮上,然后由机械(卷扬机、绞磨等)牵引电缆,牵引端应用钢丝网套套紧。机械敷设电缆的速度不宜超过15 m/min,110 kV及以上电缆或在较复杂路径上敷设时,其速度应适当放慢,并应在线路中有人配合拖缆,同时监察电缆有无脱离滚轮、拖地等异常现象,以免造成电缆的损伤。

电缆直埋敷设沟槽施工断面和纵向断面如图2-15和图2-16所示。

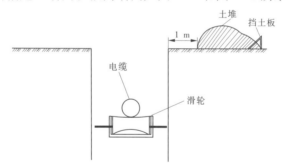

图2-15　电缆直埋敷设沟槽施工断面示意图

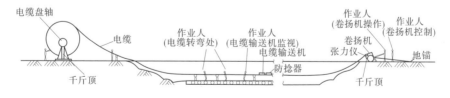

图2-16　电缆直埋敷设沟槽施工纵向断面示意图

5. 覆盖与回填

电缆在沟内摆放整齐后,上面应覆以100 mm厚的细砂或软土层,然后盖上保护盖板或砖。保护盖板内应有钢筋,厚度不小于30 mm,以确保能抵抗一定的机械外力。板的长度为

300~400 mm,宽度以伸出电缆两侧 50 mm 为准(单根电缆一般为 150 mm 宽)。当采用机制砖做保护盖板时,应选用不含石灰石或硅酸盐等成分(塑料电缆线路除外)的砖,以免遇水分解出碳酸钙腐蚀电缆铅皮。回填土时,应注意去除大石块和其他杂物,并且每回填 200~300 mm 夯实一次,最后在地面上堆高 100~200 mm,以防松土沉落形成深沟。

在电缆中间接头附近(一般为两侧各 3 m),考虑到电缆接续时的移动等因素可暂不回填,待接续完毕,安装接头保护槽后再同接头坑一并回填。

6. 埋设标桩及绘制竣工图

电缆沟回填完毕后,即可在规定的地点埋设标桩。标桩应采用强度为 C15 的钢筋混凝土预制而成,其结构尺寸为 600 mm×150 mm×150 mm,埋设深度为 450 mm。

电缆竣工图应在设计图纸的基础上进行绘制,凡与原设计方案不符的部分均应按实际敷设情况在竣工图中予以更正。竣工图中还应注明各中间接头的位置与坐标及其编号。

(二)质量标准

电缆直埋敷设应符合表 2-2 所列的各项质量标准。

表 2-2　电缆直埋敷设质量标准

控制项目		质量标准
电缆弯曲半径		见表 2-3
埋设深度	10 kV 及以下	0.7 m
	35 kV 及以上	1.0 m
	穿越农田时	0.2 m
电缆与建筑物基础距离		0.6 m
电缆与行道树距离		0.7 m
电缆平行净距	10 kV 及以下	0.1 m
	35 kV 及以上	0.25 m
	不同部门的电缆	0.5 m
电缆交叉净距	无隔板	0.5 m
	有隔板	0.25 m
电缆与热力管净距	平行	2 m
	交叉	0.5 m
电缆与其他管道净距		0.5 m
电缆与铁道平行间距	一般	3 m
	电气化铁道	10 m
电缆与保护盖板间细土层厚		0.35 m
电缆导管内径		$(1.3 \sim 1.5)d$(d 为电缆外径)

(三)电缆弯曲半径

在电缆敷设规程中,根据电缆绝缘材料和护层结构不同,规定了以电缆外径的倍数表示的最小弯曲半径,如表 2-3 所示。凡表 2-3 中没有列入的,应按制造厂规定。

无论采用哪一种敷设方式,都必须遵守表 2-3 中电缆弯曲半径的规定。

表 2-3　电缆弯曲半径

电缆类别	护层结构		多芯	单芯
油浸纸绝缘	铅包	有铠装	15d	20d
		无铠装	20d	
	铝包		30d	
交联聚乙烯绝缘			15d	20d
聚氯乙烯绝缘			10d	10d

注:d 为电缆外径。

第三节　排管敷设

本节主要介绍电力电缆排管敷设方式的特点、工井和排管建造、排管电缆敷设方法,通过介绍,使学员掌握排管敷设基本要求,能够为相关工程实践做指导。

一、排管敷设特点

将电缆敷设于预先建好的地下排管中的安装方法,称为电缆排管敷设。排管敷设适用于交通比较繁忙、地下走廊比较拥挤、敷设电缆数较多的地段。敷设在排管中的电缆应有塑料外护套,不得有金属铠装层。

工井和排管的位置一般在城市道路的非机动车道,也有设在人行道或机动车道的。工井和排管的土建工程完成后,除敷设近期的电缆线路外,以后相同路径的电缆线路安装维修或更新电缆,则不必重复挖掘路面。

排管敷设的缺点是土建工程投资较大,工期较长,当管道中电缆或工井中接头发生故障时,需更换工井与工井之间的整段电缆,修理费用较大。

二、工井和排管建造

(一)工井

工井按用途不同可分为敷设工作井、普通接头井、绝缘接头井和塞止接头井。平面形状有矩形、"T"形、"L"形和"十"字形。

工井内净尺寸确定时,必须同时考虑电缆在工井中立面弯曲和平面弯曲所必需的尺寸。图 2-17 为电缆工井的主要尺寸。

在设计工井时,应根据排管中心线和接头中心线之间的标高差或平面间距、电缆外径

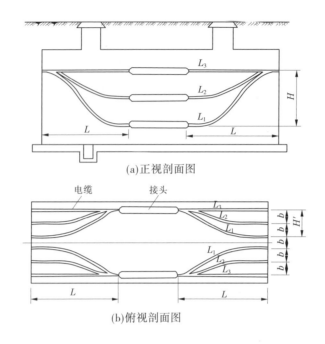

(a)正视剖面图

（b)俯视剖面图

b——排管水平间距,min;

H——接头中心线与排管中心线的标高差或平面间距,mm

图 2-17　电缆工井的主要尺寸

和最小允许弯曲半径,按式(2-1)计算电缆弯曲部分的投影长度:

$$L = 2\sqrt{(nd)^2 - \left(nd - \frac{H}{2}\right)^2}\qquad(2\text{-}1)$$

式中　　L——弯曲部分的投影长度,mm;

　　　　n——电缆弯曲部分的最小允许弯曲半径,与电缆外径呈倍数关系;

　　　　d——电缆外径,mm。

　　按式(2-1)分别计算立面弯曲和平面弯曲所需长度,在两个弯曲长度中取其较长的一个,然后加上接头本身的长度和工作面积。根据需要,还要加上安装同轴电缆、自动排水装置、照明设施以及油压报警装置等所必需的面积,从而确定工井的内净尺寸。

　　一般工井的内净尺寸为:高度1.9~2.0 m;宽度2.0~2.5 m;长度按用途不同而异,普通接头井与绝缘接头井为7.5~12 m,塞止接头井为15 m。工井内的金属支架和预埋铁件要可靠接地,接地电阻应不大于4 Ω。接地方式是:在工井外对角处或4只边角处,埋设2~4根ϕ50 mm×2 m钢管为接地极,深度应大于3.5 m。在工井内壁以扁钢组成接地网,与接地极用电焊连接。工井内预埋铁件和金属支架也用电焊与接地扁钢连接。为方便施工,工井中应设置拉环和集水井。两只工井之间的间距一般不宜大于130 m。

　　(二)排管

　　排管衬管内径应符合下列要求:

　　(1)一孔敷设一根电缆用的衬管必须满足式(2-3)要求,并不得处于(2.85~3.15)d内。

$$D \geq 1.3d \geq d + 30 \text{ mm} \tag{2-2}$$

（2）一孔敷设同一回路三根单芯电缆用的衬管必须满足：

$$2.85d \geq D \geq 2.16d + 30 \text{ mm} \tag{2-3}$$

式中　D——衬管内径,mm;

　　　d——电缆外径,mm;

　　　$2.16d$——3 根电缆包络径,mm。

电力电缆排管的衬管最小内径为 150 mm,敷设高压大截面电缆,可选用 175 mm、200 mm 内径的衬管。一组排管以敷设 6~16 条电缆为宜。孔数选择方案有 2×10 孔、3×4 孔、3×5 孔、4×4 孔、3×6 孔和 3×7 孔等。

排管用的衬管应具有下列特性:物理化学性能稳定,有一定机械强度,对电缆外护层无腐蚀,内壁光滑无毛刺,遇电弧不延燃。单根衬管长度要便于运输和施工,一般为 3~5 m。常用衬管有:纤维水泥管(见图 2-18)、聚氯乙烯波纹塑料管(见图 2-19)和环氧玻璃纤维管(见图 2-20)等。

图 2-18　纤维水泥管

图 2-19　聚氯乙烯波纹塑料管

典型的电缆排管结构包括基础、衬管和外包钢筋混凝土。图 2-21 是 3×5 孔电缆排管结构。

图 2-20　环氧玻璃纤维管

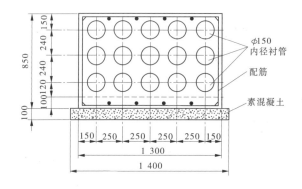

图 2-21　3×5 孔电缆排管结构　(单位:mm)

　　排管的土建施工,原则上应先建工井,再建排管,并从一座工井向另一座工井按顺序施工。排管的基础通常有道渣垫层和素混凝土基础,各为 100 mm。在素混凝土基础上面,以特制的"U"形定位垫块将衬管固定,使衬管间距保持一致。垫块与衬管接头间距应不小于 300 mm。衬管中心线的相互间距(以直径 150 mm 的衬管为例)一般为:水平间距为 250 mm,上下层间距为 240 mm。

　　衬管的平面位置应保持平直,每节衬管允许有小于 2°30′的转角,但相邻衬管只能向一个方向转弯,不允许有"S"形的转弯。

　　衬管四周按设计图要求以钢筋混凝土外包,并以小型手提式震荡器将混凝土浇捣密实。外包混凝土分段施工时,应留下阶梯形施工缝,每一施工段的长度一般应不小于50 m。

　　要处理好排管和工井的接口,一般要在接口处设置变形缝。在工井墙身预留与排管相吻合的方孔,在方孔的上、下口应预留与排管相同规格的钢筋作为"插铁",其长度应大于 35d(d 为钢筋直径),排管钢筋与工井预留"插铁"绑扎。在浇捣排管外包混凝土前,应将工井留孔的混凝土接触面凿毛,并用水泥浆冲洗。

三、排管电缆敷设方法

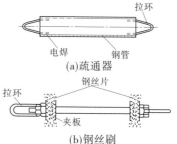

图 2-22　排管疏通器和钢丝刷

(一)排管疏通检查

电缆排管内不得有因漏浆形成的水泥结块及其他残留物。衬管接头处应光滑,不得有尖突。排管建好后,敷设电缆前,应对各孔管道进行疏通检查。

疏通检查方式是应用疏通器来回牵拉,应双向畅通。疏通器的式样如图 2-22 所示。

疏通器的外径和长度应符合表 2-4 规定。

表 2-4　疏通器的外径和长度　(单位:mm)

排管内径	疏通器外径	疏通器长度
150	127	600
175	159	700
200	180	800

在疏通检查中,如发现排管内有可能损伤电缆护套的异物,必须清除。清除方法可用钢丝刷[见图 2-22(b)]、铁链和疏通器来回牵拉,必要时,用管道内窥镜探测检查。图 2-23 所示是用管道内窥镜检查排管质量的情景。只有当管道内异物排除、整条管道双向畅通后,才能敷设电缆。

图 2-23　用管道内窥镜检查排管质量

(二)排管敷设电缆牵引方法

电缆引入排管,应在外护套上均匀涂抹一层中性润滑剂,以降低电缆在排管中的滑动摩擦系数。如果电缆盘能够搁置到工井入口处,电缆引入工井的方法以图 2-24(a)所示方法为好。如果电缆盘搁置的位置离开工井入口处有一段距离,应采用图 2-24(b)所示的引入方法。这种引入法,在工井口到电缆盘间需每隔 1.5 m 搭建一档滚轮支架,在工井内应按电缆弯曲半径的规定搭建一组圆弧形滚轮支架(见图 2-25)。在工井入口处应用波纹聚乙烯管保护电缆,排管口要用喇叭口保护。敷设较长电缆时,可在线路中间的工井内安装输送机,并采用与牵引机械同步联动控制。

敷设前后,应用 1 000 V 兆欧表测试电缆外护套绝缘电阻,并做好记录,以监视电缆外护套在牵引敷设中是否受到损伤。

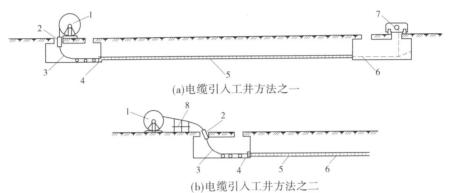

(a)电缆引入工井方法之一

(b)电缆引入工井方法之二

1—电缆盘;2—波纹聚乙烯管;3—电缆;4—喇叭口;5—管道;6—钢丝绳;7—卷扬机;8—放线架

图 2-24 排管敷设电缆牵引方法

(三)排管敷设的技术要求

(1)电缆排管内径应不小于电缆外径的 1.5 倍,且最小不宜小于 100 mm。管子内部必须光滑,管子连接时,管孔应对准,接缝应严密,不得有地下水和泥浆侵入。管子接头相互之间必须错开。

(2)电缆管的埋设深度,自管子顶部至地面的距离,一般地区应不小于 0.7 m,在人行道下应不小于 0.5 m,室内不宜小于 0.2 m。

(3)为了便于检查和敷设电缆,在埋设的电缆管的直线段电缆牵引张力限制的间距处(包含转弯、分支、接头、管路坡度较大的地方),应设置电缆工作井,电缆工作井的高度应不小于 1.9 m,宽度应不小于 2.0 m,应满足施工和运行要求。

图 2-25 排管敷设入口处圆弧形滚轮支架

(4)电缆穿管的位置及穿入管中电缆的数量应符合设计要求,这样可以避免占用预留通道和减少故障查找的难度。交流单芯电缆管不得单独穿入钢管内,以免因电磁感应在钢管中产生损耗导致发热,进而影响电缆的正常运行。

(5)排管内部应无积水,且应无杂物堵塞。穿电缆时,不得损伤护层,可采用无腐蚀性的润滑剂(粉)。

(6)电缆排管在敷设电缆前,应进行疏通,清除杂物。

（7）管孔数应按发展预留适当备用。

（8）电缆芯工作温度相差较大的电缆，宜分别置于适当间距的不同排管组内。

（9）排管地基应坚实、平整，不得有沉陷。不符合要求时，应对地基进行处理并夯实，并在排管和地基之间增加垫块，以免地基下沉损坏电缆。管路顶部土壤覆盖厚度不宜小于 0.5 m。纵向排水坡度不宜小于 0.2%。

（10）管路纵向连接处的弯曲度应符合牵引电缆时不致损伤的要求。

（11）电缆敷设到位后应做好电缆固定和管口封堵，并应做好管口与电缆接触部分的保护措施。工井中电缆管口应按设计要求做好防水措施，避免电缆长时间浸泡在水中影响电缆寿命。

（12）在 10% 以上的斜坡排管中，应在标高较高一端的工井内设置防止电缆因热伸缩和重力作用而滑落的构件。

第四节　电缆沟敷设

本节主要介绍电缆沟敷设特点、电缆沟建造、电缆沟敷设施工方法，通过介绍，使学员掌握电缆沟敷设基本要求，能够为相关工程实践做指导。

一、电缆沟敷设特点

将电缆敷设于预先建好的电缆沟中的安装方式，称为电缆沟敷设。它适用于并列安装多列电缆的场所，如发电厂及变电所内、工厂厂区或城市人行道等。根据并列安装的电缆数量，需在沟的单侧或双侧装置电缆支架，敷设的电缆应固定在支架上。

敷设在电缆沟中的电缆应满足防火要求，如具有不延燃的外护套或裸钢带铠装，重要的线路应选用具有阻燃外护套的电缆。

电缆沟敷设的缺点是沟内容易积水、积污，而且清除不方便。电缆沟中电缆的散热条件较差，影响其允许载流量。

二、电缆沟建造

电缆沟采用钢筋混凝土或砖砌结构，用预制钢筋混凝土或钢制盖板覆盖，盖板顶面与地面相平。图 2-26 是具有双侧支架的电缆沟断面图。图 2-27 是具有单侧支架不同沟的现场图。

（1）电缆固定于支架上，在设计无明确要求时，各支撑点间距应符合相关规定。

（2）电缆沟的内净尺寸应根据电缆的外径和总计电缆条数确定。表 2-5 为电缆沟内最小允许距离。

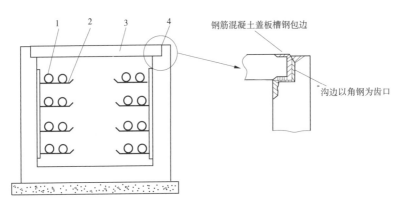

钢筋混凝土盖板槽钢包边

沟边以角钢为齿口

1—电缆;2—支架;3—盖板;4—沟边齿门

图 2-26　具有双侧支架的电缆沟断面图

图 2-27　具有单侧支架不同沟的现场图

表 2-5　电缆沟内最小允许距离

名称		最小允许距离(mm)
通道宽度	两侧有电缆支架时	500
	单侧有电缆支架时	450
电力电缆之间的水平净距		不小于电缆外径
电缆支架的层间净距	电缆为 10 kV 及以下	200
	电缆为 20 kV 及以上	250
	电缆防火槽盒内	1.6×槽盒高度

(3)电缆沟内金属支架、裸铠装电缆的金属护套和铠装层应全部和接地装置连接。为了避免电缆外皮与金属支架间产生电位差,从而发生交流腐蚀或电位差过高危及人身安全,电缆沟内全长应装设连续的接地线装置,接地线的规格应符合规范要求。电缆沟中应用扁钢组成接地网,接地电阻应小于 4 Ω。电缆沟中的预埋铁件与接地网应以电焊连接。所有支架均有防锈措施。电缆沟中的支架,按结构不同有装配式和工厂分段制造的电缆托架等种类。以材质分,有金属支架和塑料支架。金属支架应采用热浸镀锌,并与接

地网连接。以硬质塑料制成的塑料支架又称绝缘支架,其具有一定的机械强度并耐腐蚀。

(4)电缆沟盖板必须满足道路承载要求。钢筋混凝土盖板应有角钢或槽钢包边。电缆沟的齿口也应有角钢保护。盖板的尺寸应与齿口相吻合,不宜有过大间缝。盖板和齿口的角钢或槽钢要除锈后刷红丹漆两遍,黑色或灰色漆一遍,或采用热浸镀锌钢材。

(5)室外电缆沟内的金属构件均应采取镀锌防腐措施;室内外电缆沟,也可采用涂防锈漆的防腐措施。

(6)为保持电缆沟干燥,应适当采取防止地下水流入沟内的措施。在电缆沟底设不小于0.5%的排水坡度,在沟内设置适当数量的积水坑。

(7)充砂电缆沟内,电缆平行敷设在沟中,电缆间净距不小于35 mm,层间净距不小于100 mm,中间填满砂子。

(8)敷设在普通电缆沟内的电缆,为防火需要,应采用裸铠装或阻燃性外护套的电缆。

(9)电缆线路上如有接头,为防止接头故障时殃及邻近电缆,可将接头用防火槽盒保护或采取其他防火措施。

(10)电力电缆和控制电缆应分别安装在沟的两边支架上。若不能,则应将电力电缆安置在控制电缆之下的支架上,高电压等级的电缆宜敷设在低电压等级电缆的下方。

三、电缆沟敷设施工方法

(一)电缆沟敷设作业流程
电缆沟敷设作业流程如图2-28所示。

(二)电缆沟敷设前准备
电缆敷设施工前需揭开全部电缆沟盖板。特殊情况下,可以采用间隔方式揭开电缆沟盖板;清除沟内外杂物,检查支架预埋情况并修补,并把沟盖板全部置于沟外地面不利展放电缆的一侧,另一侧应清理干净,用于便道行走。如采用钢丝绳牵引施放电缆,先在电缆沟内安放滑轮(见图2-29),电缆牵引完毕后,用人力将电缆定位在支架上。如全部采用人力敷设,先在便道上施放,然后把电缆放入电缆沟支架上,最后检查电缆外观是否有损坏,如有则立即修补。电缆在支架上固定好后,将所有电缆沟盖板恢复原状。

(三)电缆沟敷设操作步骤
施放电缆的方法,一般情况下是先放支架最下层、最里侧的电缆,然后从里到外,从下层到上层依次展放。

电缆沟中敷设电缆,如采用牵引施放,需要特别注意的是,要防止电缆在牵引过程中被电缆沟边或电缆支架刮伤。因此,在电缆引入电缆沟处和电缆沟转角处,必须搭建转角滑轮支架(见图2-30),用滚轮组成适当圆弧,减小牵引力和侧压力,以控制电缆弯曲半径,防止电缆在牵引时被沟边或沟内金属支架擦伤,从而对电缆起到很好的保护作用。

电缆搁在金属支架上应加一层塑料衬垫。在电缆沟转弯处使用加长支架,让电缆在支架上允许适当位移。单芯电缆要采用非磁性材料固定,如用尼龙绳将电缆绑扎在支架上,每2档支架扎一道,也可将三相单芯电缆呈品字形绑扎在一起。

在电缆沟中应有必要的防火措施,这些措施包括适当的阻火分割封堵。如将电缆接头用防火槽盒封闭,在电缆及电缆接头上包绕防火带进行阻燃处理;或将电缆置于沟底再用黄砂将其覆盖;也可选用阻燃电缆等。

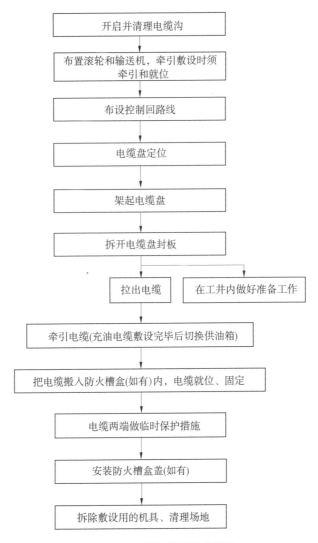

开启并清理电缆沟

布置滚轮和输送机,牵引敷设时须牵引和就位

布设控制回路线

电缆盘定位

架起电缆盘

拆开电缆盘封板

拉出电缆　　在工井内做好准备工作

牵引电缆(充油电缆敷设完毕后切换供油箱)

把电缆搬入防火槽盒(如有)内,电缆就位、固定

电缆两端做临时保护措施

安装防火槽盒盖(如有)

拆除敷设用的机具、清理场地

图 2-28　电缆沟敷设作业流程

图 2-29　电缆沟内安放滑轮

图 2-30 转角滑轮支架

电缆敷设完后,应及时将沟内杂物清理干净,盖好盖板。必要时,应将盖板缝隙密封,以免污水、油、灰等侵入。

(四) 电缆沟敷设与直埋敷设差异

(1)敷设施工前需揭开部分电缆沟盖板。首先在不妨碍施工人员下电缆沟工作的情况下,可以采用间隔方式揭开电缆沟盖板;然后在电缆沟底安放滑轮,采用钢丝绳牵引电缆,电缆牵引完毕后,用人力将电缆定位在支架上;最后将所有电缆沟盖板恢复原状。

(2)在电缆引入电缆沟处,应搭建滑轮支架。在电缆沟转弯处,搭建转角滑轮支架,以控制电缆的弯曲半径,防止电缆在牵引时被沟边或沟内金属支架擦伤。

(3)电缆搁在金属支架上应加一层塑料衬垫。在电缆沟转弯处使用加长支架,让电缆在支架上允许适当位移。单芯电缆要有固定措施,如用尼龙绳将电缆绑扎在支架上,每2档支架扎一道,也可将三相单芯电缆呈品字形绑扎在一起。

(4)电缆沟中应有必要的防火措施。如将电缆接头用防火槽盒封闭,电缆上包绕防火带,或将电缆置于沟底再用黄砂将其覆盖。

第五节 电缆隧道敷设

本节主要介绍电缆隧道敷设特点、电缆隧道建造、电缆隧道敷设施工方法、质量标准及注意事项,通过介绍,使学员掌握电缆隧道敷设基本要求,能够为相关工程实践做指导。

一、电缆隧道敷设特点

将电缆线路敷设于电缆隧道中的安装方式,称为电缆隧道敷设。电缆隧道是能够容纳较多电缆的地下土建设施。隧道人行通道宽度为 0.8~1.0 m,高度为 1.9~2.0 m。隧道应具有照明、排水装置,并采用自然通风和机械通风相结合的通风方式。隧道内还应具有烟雾报警、自动灭火、灭火箱、消防栓等消防设备。

电缆隧道敷设适用于大型电厂、变电所的电缆进出线通道、并列敷设电缆 16 条以上或为 3 回路及以上高压电缆通道,以及不适宜敷设水底电缆的内河等场所。

隧道敷设消除了外力损坏的可能性,有利于电缆安全运行。缺点是隧道的建设投资较大,土建施工周期较长。图 2-31 所示为电缆隧道。

图 2-31　电缆隧道

二、电缆隧道建造

电缆隧道是电缆线路的重要通道,使用寿命一般应按 100 年设计。电缆隧道的建造方法有明挖法和暗挖法两种。明挖法是工程造价较低的施工方法,适用于隧道走向上方没有或者仅有少量可以拆迁的地下设施(管线)。在开挖深度小于 7 m、施工场地比较开阔、地面交通允许的条件下,应优先采用明挖法施工。明挖法施工的隧道一般为矩形或马蹄形(顶部呈弓形)。图 2-32 所示为矩形隧道断面示意图。图 2-33 为电缆明挖隧道。

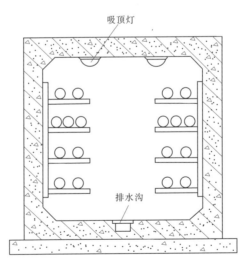

图 2-32　矩形隧道断面示意图

图 2-33　电缆明挖隧道

电缆隧道另一种施工方法是暗挖法,又分为盾构法和顶管法两种。盾构法施工是用环形盾构掘进机来完成地下隧道建设的施工方法。盾构掘进机的外径根据电缆隧道设计断面确定,一般适用于内径大于 2.7 m 的隧道。盾构法施工应先建工作井和接收井。图 2-34 是以盾构法建造的电缆隧道,该隧道盾构管片厚 500 mm,S 形管片内再浇厚度为 200 mm 的混凝土内衬。

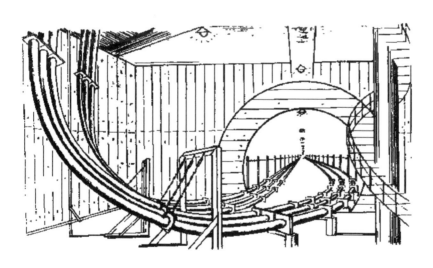

图 2-34　以盾构法建造的电缆隧道

顶管法施工是采用顶管机头的液压设备将钢管或钢筋混凝土管逐段按设计路径在地下推进。各段钢管用电焊连接,钢筋混凝土管用螺栓连接。顶管法施工主要适用于直线形隧道,内径一般小于 3.4 m。顶管法施工成本略低于盾构法。

三、电缆隧道敷设施工方法

隧道中电缆应安装在支架上,单芯电缆必须有固定措施。高压大截面单芯电缆,应使用可移动式夹具,以蛇形方式固定。电缆隧道敷设要重视下述防火要求:

(1)35 kV 及以下电缆应选用阻燃型。

(2)高压电缆应采用封闭式耐火槽盒保护。

(3)隧道中应按规定设防火墙和防火门,实施防火分隔与防火封堵。

(4)隧道中应设置火灾探测报警和固定式灭火装置。

（一）电缆隧道敷设前准备

(1)电缆隧道应无积水、杂物及其他妨碍电缆敷设的物体。

(2)电力隧道应具备通风条件,可采取自然通风或机械通风。

(3)电缆隧道敷设应有可靠的通信联络设施。

(4)电力隧道内支架应安装完成,支架本体及连接部位应安装稳固,表面需平整,尺寸及间距应符合电缆放置及固定的要求。

(5)根据电缆参数及现场条件选择敷设机具,电缆牵引机与滑轮组搭配使用,根据电缆的规格选取电缆牵引机及滑轮组。

(6)确定敷设方法,包括电缆盘架设位置、电缆牵引方向,校核牵引力和侧压力等。

(7)电缆隧道敷设一般采用卷扬机钢丝绳牵引。在敷设电缆前,电缆端部应制作牵引端。将电缆盘和卷扬机分别安放在隧道入口处,并搭建适当的滑轮、滚轮支架,如图 2-35 所示。

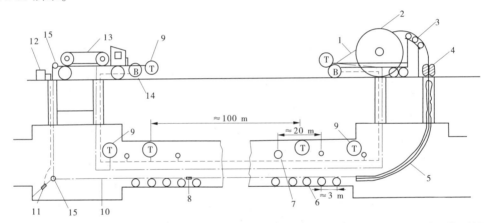

1—电缆盘制动装置；2—电缆盘；3—上弯曲滑轮组；4—履带牵引机；5—波纹保护管；6—滑轮；7—紧急停机按钮；
8—防捻轮；9—电话；10—牵引钢丝绳；11—张力感受器；12—张力自动记录仪；
13—卷扬机；14—紧急停机报警器；15—开口葫芦

图 2-35 电缆隧道敷设示意图

(8)当隧道相邻入口相距较远时,如过江电缆隧道,电缆盘和卷扬机安置在隧道的同一入口处,牵引钢丝绳经隧道底部的转向滑车反向牵引,如图 2-36 所示。

(9)针对电缆敷设环境进行准备,布置施工所需的临时电源,布置照明灯具,清除电缆路径上的障碍及积水,对隧道密闭环境进行通风换气等。

（二）电缆隧道敷设操作步骤

(1)敷设前检查电缆型号、电压、规格,应符合设计。电缆外观应无损伤,当对电缆的密封有怀疑时应进行校潮,并检查电缆金属护套内部是否存有残留气体。

(2)电缆放线架应放置稳妥,钢轴的强度和长度应与电缆盘重量和宽度相配合。

(3)敷设前应按设计和实际路径计算每根电缆的长度,核对电缆中间接头位置,合理

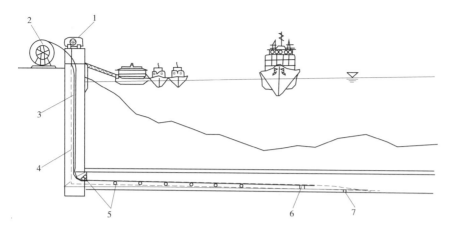

1—卷扬机;2—电缆盘;3—电缆;4—钢丝绳;5—电缆滚轮;6—防捻器;7—转向滑车

图 2-36 过江电缆隧道牵引方式

安排每盘电缆。

（4）敷设时,电缆应从盘的上端引出,不应使电缆在支架上及地面摩擦拖拉。电缆上不应有外护套损伤的情况。

（5）对于长度比较短、重量比较轻的电缆,隧道敷设路径平直,可采用机械牵引的方式敷设。隧道路径复杂,水平、垂直拐点较多,应采用人工牵引的方式敷设。为防止影响电缆敷设质量,通常不采用输送机敷设。

（6）机械牵引一般采用卷扬机钢丝绳牵引、电动滚轮相结合的方法。敷设时关键部位应有人监视。高度差较大的隧道两端部位,应防止电缆引入时因自重产生过大的牵引力、侧压力和扭转应力。隧道中宜选用交联聚乙烯电缆,当敷设充油电缆时,应注意监视高、低端油压变化。位于地面电缆盘上电缆油压应不低于最低允许油压,在隧道底部最低处电缆油压应不高于最高允许油压。

（7）全部机具布置完毕后,应进行联动试验,确保敷设系统正常。

（8）电缆敷设时卷扬机的启动和停车,一定要执行现场指挥人员的统一指令。

（9）敷设时应注意保持通信畅通,在电缆盘、牵引端、转弯处及控制箱等地方设置通信工具。常用的通信联络手段是架设临时有线电话和专用无线通信设备。通信系统应在敷设前进行试验,确保通信系统正常。

（10）电缆敷设完后,应根据设计施工图规定将电缆安装在支架上,单芯电缆必须采用适当夹具将电缆固定。

（11）高压大截面单芯电缆应使用可移动式夹具,以蛇形方式固定。蛇形的波节、波幅应符合设计要求。一般蛇形敷设的节距为 6~12 m,波形宽度为电缆外径的 1~1.5 倍。对于截面面积较小的电缆,可在支架恰当位置临时安装固定挡板,靠人力推动电缆形成蛇形弯曲;对于截面面积较大的电缆,可采用电缆矫直机或液压缸配合弧形钢板粘贴橡胶垫等机械方法使电缆形成蛇形弯曲。

（12）电缆蛇形布置时,应配合滑轮组或其他机械、人力按需要移送电缆,防止因蛇形布置使电缆局部受力过大。

(13)固定电缆要牢固,抱箍或固定金具应和电缆垂直。固定电缆时应在抱箍或固定金具与电缆之间垫橡胶垫,橡胶垫要与电缆贴紧,露出抱箍或固定金具两侧的橡胶垫基本相等,抱箍或固定金具两侧螺栓应均匀受力,直至橡胶垫与抱箍或固定金具紧密接触,固定牢固。

(三)大长度垂直段敷设的控制要求

大长度垂直段电缆敷设一般有三种方法:钢丝绳牵引法、阻尼缓冲器法和垂吊式电缆敷设法。

(1)钢丝绳牵引法是在上端设置卷扬机,利用吊具抱箍、卡具等把电缆分段固定到钢丝绳上,卷扬机提升钢丝绳来提升电缆,这种方法对空间要求小,避免了电缆自重大于抗拉能力造成的电缆变形或破坏。在工器具的准备中,在电缆起始端采用具有消除电缆及钢丝绳旋转扭力,以及垂直受力锁紧特性的旋转头网套连接器;在上水平段与垂直段的拐弯处,采用覆式侧拉型中间网套连接器 A;每隔 50 m 增设一副覆式侧拉型中间网套连接器 B,直至电缆终端,用以分担吊重,使垂直段受力均匀,如图 2-37 所示。

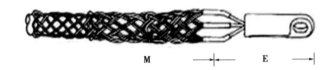

(a)旋转头网套连接器

(b)中间网套连接器 A   (c)中间网套连接器 B

图 2-37　专用连接网套

吊装过程中还需使用防晃吊具,控制电缆摆动幅度,如图 2-38 所示。采用专用抱箍卡具,用以固定电缆和吊装绳。该方法适用于施放非钢丝铠装电缆。

(2)阻尼缓冲器法是利用高位势能从上往下输送,阻尼缓冲器由 3 个轮子和型钢支架组成,如图 2-39 所示,分段设置阻尼缓冲器以确保安全的下放速度。该方法所需装置简易、成本低、人工少、安全,且能有效避免电缆损伤,但对施工人员的操作熟练度要求高,对现场和施工组织要求较高。

(3)垂吊式电缆是一种特殊结构的电缆,自带 3 根扇形组合吊装钢丝,如图 2-40 所示。不同于传统的铠装电缆,该电缆自身可承受较大的拉力,缆体受力均匀,可以按常规方法敷设,但采购周期长、成本高。钢丝铠装电缆可按常规施放方法进行敷设。

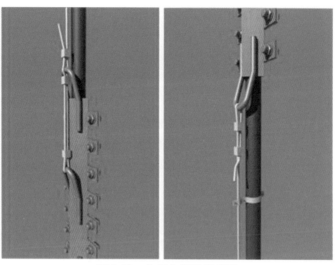

图 2-38　专用电缆防晃吊具

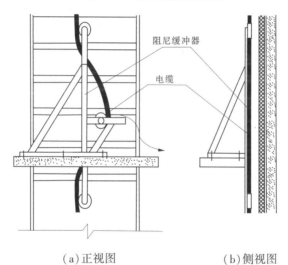

（a）正视图　　　　　　（b）侧视图

图 2-39　阻尼缓冲器示意图

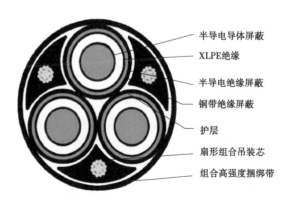

图 2-40　低烟无卤 10 kV 垂吊式交联电缆示意图

吊装完成后,电缆处于自重垂直状态下,将每个井口的电缆用抱箍固定在槽钢台架上,电缆与抱箍之间应垫有胶皮,以免电缆受损。

四、质量标准及注意事项

(1)隧道内应采用自然通风和机械通风相结合的通风方式。当电力隧道长度超过100 m但在300 m以内时,应在隧道两端设立通风亭各一座,或在一端电力竖井内安装轴流风机一台。隧道长度超过300 m的,应在电力隧道两端以及中间每隔250 m适当位置设立一座通风亭,或在电力隧道两端以及中间每隔250 m适当位置顺次设立通风竖井,并在竖井内安装进风轴流风机和排风轴流风机。

(2)深度较浅的电缆隧道应设至少两个以上的人孔,长距离一般每隔100~200 m应设一个人孔。设置人孔时,应综合考虑电缆敷设施工。在敷设电缆的地点设置两个人孔,一个用于电缆进入,另一个用于人员进出。近人孔处装设进出风口,在出风口处装设强迫排风装置。深度较深的电缆隧道,两端进出口一般与竖井相连接,并通常使用强迫排风管道装置进行通风。电缆隧道内的通风以在夏季不超过室外空气温度10 ℃为原则。

(3)电缆隧道两侧应架设用于放置固定电缆的支架。电缆支架与顶板或底板之间的距离应符合规定要求。支架上蛇形敷设的高压、超高压电缆应按设计节距用专用金具固定或用尼龙绳绑扎。电力电缆与控制电缆应分别安装在隧道的两侧支架上,如果条件不允许,则控制电缆应该放在电力电缆的上方。

(4)电缆隧道内应装设贯通全长的连续的接地线,所有电缆金属支架应与接地线连通。电缆的金属护套、铠装除有绝缘要求(如单芯电缆)外,应全部相互连接并接地。这是为了避免电缆金属护套或铠装与金属支架间产生电位差,从而发生交流腐蚀。

(5)对于电缆允许敷设最低温度,敷设前24 h内的平均温度及敷设时温度不应低于0 ℃;当温度低于0 ℃时应采取加热措施。

(6)电缆敷设过程应统一指挥,电缆盘刹车处、转弯处及控制箱处、牵引机处应设置专门的操作人员及看护人员,同时电缆盘处设专人检查电缆外观有无破损。

(7)电缆盘应配备制动装置,保证在异常情况下能够使电缆盘停止转动,防止电缆损伤。

(8)单芯交联聚乙烯绝缘电力电缆的最小弯曲半径应为20d(d为电缆外径)。根据电缆弯曲半径及牵引力计算侧压力,转弯处的侧压力不应大于3 kN/m。

(9)敷设过程中,局部电缆出现裕度过大情况,应立即停止敷设,处理后方可继续敷设,防止电缆弯曲半径过小或撞坏电缆。

(10)用机械敷设电缆时不宜采用钢丝网套直接牵引电缆护套,电缆应预制或现场制作牵引头进行牵引,最大牵引强度见表2-6。

(11)机械敷设电缆的速度不宜超过6 m/min,110 kV及以上电缆在较复杂路径上敷设时,其速度应适当放慢。

表 2-6　电缆最大牵引强度

牵引方式	牵引头	
受力部位	铜芯	铝芯
允许牵引强度（N/mm²）	70	40

（12）当盘上剩余约 2 圈电缆时，应立即停车，在电缆尾端捆好尾绳，用人牵引缓慢放下，严禁电缆尾端自由落下，防止摔坏电缆和弯曲半径过小。

（13）电缆就位应轻放，严禁磕碰支架端部和其他尖锐硬物。

第六节　电缆桥梁敷设

本节主要介绍电缆桥梁敷设特点、电缆桥梁敷设要求、电缆桥梁敷设注意事项、电缆桥梁敷设施工方法，通过介绍，使学员掌握电缆桥梁敷设基本要求，能够为相关工程实践做指导。

一、电缆桥梁敷设特点

将电缆敷设在交通桥梁或专用电缆桥上的电缆安装方式称为电缆桥梁敷设。在短跨距的交通桥梁上敷设，电缆敷设于电缆桥架（见图 2-41）内，并做蛇形敷设。在桥堍部位设过渡工井，以吸收过桥部分电缆的热伸缩量。电缆专用桥梁一般为箱形，其断面结构与电缆沟相似。

图 2-41　电缆桥架

二、电缆桥梁敷设要求

（1）电缆及附件的质量在桥梁设计的允许承载范围之内。

（2）电缆和附件的安装，不得有损于桥梁结构的稳定性。

（3）在桥梁上敷设的电缆及附件，不得低于桥底距水面的高度。

(4)在桥梁上敷设的电缆及附件,不得有损桥梁结构及外观。

三、电缆桥梁敷设注意事项

(1)在短跨距的桥梁人行道下敷设的电缆,应遵守下列规定:

①把电缆穿入内壁光滑、耐燃性良好的管子内或放入耐燃性能良好的槽盒内,以防外界火源危及电缆。在外来人员不可能接触之处可裸露敷设,但应采取避免太阳直接照射的措施。

②在桥墩两端或在桥梁伸缩间隙处,应设电缆伸缩弧,用以吸收来自桥梁或电缆本身热伸缩量。

(2)在长跨距的桥桁内或桥梁人行道下敷设电缆,应遵守下列规定:

①在电缆上采取适当的防火措施,以防外界火源危及电缆。

②在桥梁上敷设的电缆应考虑桥梁因受风力和车辆行驶时的震动而导致电缆金属护套出现疲劳的保护措施。

③在桥梁上敷设的 110 kV 及以上的大截面电缆,宜做蛇形敷设,用以吸收电缆本身的热伸缩量。

四、电缆桥梁敷设施工方法

电缆桥梁敷设施工方法与电缆沟或排管敷设方法相似。电缆桥梁敷设的最难点在于两个桥墩处。在这里,电缆的弯曲和受力情况,必须经计算确认在电缆允许值范围内,并有严密的技术保证措施,以确保电缆施工质量。

(1)确定方向:根据建筑平面布置图,结合空调管线和电气管线等设置情况、方便维修,以及电缆路由的疏密来确定电缆桥架的最佳路由。在室内,尽可能沿建筑物的墙、柱、梁及楼板架设。例如,在利用综合管廊架设时,应在管道一侧或上方平行架设,并考虑引下线和分支线尽量避免交叉,如无其他管架借用,则需自设立(支)柱。

(2)荷载计算:计算电缆桥架主干线纵断面上单位长度的电缆重量。

(3)确定桥架的宽度:根据布放电缆条数、电缆直径及电缆间距来确定电缆桥架的型号、规格,托臂的长度,支柱的长度、间距,桥架的宽度和层数。

(4)确定安装方式:根据场所的设置条件确定桥架的固定方式,选择悬吊式、直立式、侧壁式或是混合式,连接件和紧固件一般是配套供应的。此外,根据桥架结构选择相应的盖板。

(5)绘出电缆桥架平面图、剖面图,局部部位还应绘出空间图,开列材料表。

当与弱电电缆桥架合用时,应将电力电缆和弱电电缆各放置一侧,中间采用隔板分隔。

当弱电电缆与其他低电压电缆合用桥架时,应严格执行选择具有外屏蔽层的弱电系统的弱电电缆,避免相互间的干扰。

第七节 电缆竖井敷设

本节主要介绍电缆竖井敷设特点、电缆竖井土建结构、电缆竖井敷设方法、敷设充油电缆特殊要求,通过介绍,使学员掌握电缆竖井敷设基本要求,能够为相关工程实践做指导。

一、电缆竖井敷设特点

将电缆敷设在竖井中的电缆安装方式,称为电缆竖井敷设,采用竖井作为多根电缆的通道,土建投资比较节省,适用于水电站、电缆隧道出口以及高层建筑等场所。竖井是垂直的电缆通道,上、下高程差较大,如图 2-42 所示。

竖井中敷设的电缆必须满足下列要求:

(1)电缆的铠装层能承受纵向拉力。

(2)电缆的外护层符合防火条件,如选用不延燃的塑料外护套、裸钢丝铠装或阻燃电缆。

(3)应选用交联聚乙烯或不滴流电缆。

敷设在竖井中的充油电缆,要根据竖井高程差计算电缆承受的静油压。高程大于 30 m 的竖井,要选用中油压充油电缆,或安装塞止式接头。

图 2-42 电缆竖井

二、电缆竖井土建结构

电缆竖井为钢筋混凝土结构,通常它是水电站、隧道或高层大楼整体建筑的一部分。根据敷设电缆的条数和规格,确定竖井的横断面尺寸。在竖井的一侧安装固定电缆的支架和夹具,并且每隔 4~5 m 设一工作平台,有上、下工作梯和牵引电缆、起吊重物的拉环等设施。

在竖井内壁应有贯通上、下的接地扁钢,金属支架的预埋铁件应与接地扁钢用电焊连接。

三、电缆竖井敷设方法

(一)下降法

下降法,即自高端向低端敷设,将电缆盘安放到竖井上口,下面安放卷扬机;用输送机将电缆推进到竖井口,借助电缆本身的自重向下敷设;牵引钢丝绳引导电缆向下,卷扬机将钢丝绳收紧。

采用下降法敷设电缆,在电缆盘处必须要有可靠的制动装置,以做到可随时停车。竖井上端入口处的转角滚轮在敷设过程中成了电缆的悬挂点,因此该处电缆承受较大的侧压力。下降法敷设电缆示意图如图 2-43 所示。

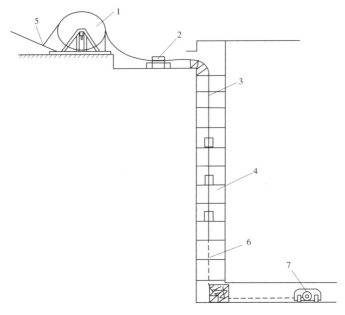

1—电缆盘;2—输送机;3—电缆;4—竖井;5—电缆盘制动装置;6—钢丝绳;7—卷扬机

图 2-43 下降法敷设电缆示意图

(二)上引法

上引法,即自低端向高端敷设,将电缆盘安放在竖井下端、卷扬机在上端,再用牵引钢丝绳将电缆拉到竖井上端。上引法必须选用具有牵引力的卷扬机,使之能提升竖井全长的电缆重力。

上述两种敷设方法,应根据施工场地条件和电缆结构而定,无论采用哪一种方法,电缆竖井敷设的关键是正确计算和掌握电缆在敷设过程中所承受的机械力,以避免电缆受到损伤。电缆竖井敷设也可采用将电缆绑扎在钢丝绳上的牵引方法,边敷设边绑扎,使电缆的重力传递到钢丝绳上。电缆与钢丝绳绑扎示意图如图 2-44 所示。

1—电缆;2—钢丝绳;3—尼龙绳

图 2-44 电缆与钢丝绳绑扎示意图

如牵引钢丝绳直径为 13 mm,可采用 ϕ 5 mm 尼龙绳缠绕扎牢,要求牵引时尼龙绳不致滑动。绑扎的间距根据牵引力和电缆单位重力确定,一般为 3~5 m。

电缆竖井敷设完毕后,立即自下而上将电缆固定在井臂支架上,应使用可移动式电缆夹具,使电缆呈蛇形固定。

四、敷设充油电缆特殊要求

因为竖井中电缆本身油道内的静油压随着敷设高度的增加而加大,所以竖井中敷设充油电缆时,要密切注意电缆上、下端油压的变化。

设电缆上端油压为 P_1,下端油压为 P_2,竖井段电缆的静油压为 ΔP,则

$$P_2 = P_1 + \Delta P \quad (\text{MPa}) \tag{2-4}$$

设充油电缆允许最低油压为 ρ_{min},允许最高油压为 ρ_{max},则敷设充油电缆必须满足:

$$P_1 \geqslant \rho_{min}, \quad P_2 \leqslant \rho_{max} \tag{2-5}$$

对于低油压充油电缆,油压变化范围是 0.05 ~ 0.3 MPa,所以这类电缆只适用于高度不超过 30 m 的竖井。

第八节　水底电缆敷设

本节主要介绍水底电缆敷设类型、水底电缆敷设施工,通过介绍,使学员掌握水底电缆敷设基本要求,能够为相关工程实践做指导。

一、水底电缆敷设类型

水底电缆埋设,按深度不同分为浮埋、浅埋和深埋三种类型。水底电缆埋设深度的确定,主要取决于电缆的重要性、水域通航状况、航行船舶吨位以及河床土质情况等。

(1)水底电缆浮埋是电缆直接敷设在河床上的方式,如河床是泥沙层,电缆将以其自重下沉于泥沙中。水底电缆浮埋适用于不通航或船只稀少的内河。

(2)水底电缆浅埋是应用高压水枪将电缆周围泥沙吹散,以便电缆沉入泥沙中,埋设深度一般为 1.5 m 左右。水底电缆浅埋适用于小型船只出入的水域或靠近岸边的浅滩地段。

(3)水底电缆深埋是利用挖泥船先挖好沟槽或使用电缆埋设机将电缆埋设于河床下 3~5 m。这个深度大于大型船舶的锚齿高度。水底电缆深埋的工程投资较大,适用于高压电缆敷设在有大型船舶通航的水域。

二、水底电缆敷设施工

水底电缆的埋设施工有开挖沟槽法、先敷后埋法和边敷边埋法三种。

(1)开挖沟槽法是使用挖泥船开挖沟槽,电缆敷设后再回填土。这种方式只适用于电缆线路较短的水域。

(2)先敷后埋法是先按设计路径将电缆敷设于水底,然后埋设。浅滩部分可用人工或机械开挖,水域内用高压水枪或埋设机沿着电缆路径将其埋深。先敷后埋法适用于浅水、滩涂和登陆段埋设。在水域内进行埋设作业的过程中,若遇恶劣气象条件,电缆可从埋设机内取出,以利施工船撤离避风。

(3)边敷边埋法是在敷设电缆的同时应用埋设机将电缆埋深。埋设的主要过程是:

采用水力机械式埋设犁,靠 10~20 MPa 的高压水枪把江床土层切割成槽,随后将电缆敷设于沟槽中。边敷边埋必须有对埋设机械在水下的工作状态进行实时监控的监测系统,这个监测系统应能向船上操作人员显示埋设犁姿态、埋设深度、埋设犁牵引索张力、水泵工作压力、电缆敷设长度、水深、流速、流向等技术参数。图 2-45 是水底电缆边敷边埋施工示意图。

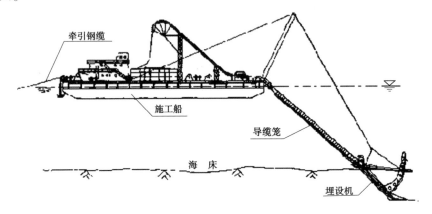

图 2-45 水底电缆边敷边埋施工示意图

第三章

电力电缆终端头和中间接头的基础知识

第一节　基本要求

本节主要介绍电力电缆终端头和中间接头的基础知识和基本要求。

一、电缆终端头和中间接头基础知识

电缆终端头、接头称为电缆附件。其中,电缆终端头指的是安装在电缆末端,以使电缆与其他电气设备或架空输电线相连接,并维持绝缘直至连接点的装置。电缆终端头按照使用场所不同,分为户内终端头和户外终端头。户外终端头由于处于户外,受到自然天气影响较大,因此需要有比较完善的密封、防水结构。按照安装方式分类,可以分为热缩型电缆终端头、冷缩型电缆终端头和预制型电缆终端头。热缩型电缆终端头安装的特点是便宜,但是安装时需要用火加热,而且密封性差。冷缩型电缆终端头的特点是运行可靠,安装简便,但是价格偏贵。按工作电压分类,常见的终端头包括:1 kV 终端头、10 kV 终端头、35 kV 终端头、66 kV 终端头、110 kV 终端头、220 kV 终端头等。按电缆线芯分类,可分为单芯终端头、两芯终端头、三芯终端头、四芯终端头(又分为四等芯和 3+1)、五芯终端头(又分为五等芯、3+2 和 4+1)。

电缆由于制造、运输和施工等因素,每盘电缆的长度有一定的限制,因此在实际使用中需将若干根电缆连接起来,这种电缆中间连接附件就是电缆中间接头。电缆中间接头连接电缆与电缆的导体、绝缘、屏蔽层和保护层,以使电缆线路连续。电缆中间接头按照安装方式可分为:预制型中间接头、热缩型中间接头、冷缩型中间接头。按功能作用可分为:直通中间接头、绝缘中间接头、T 型连接头。

二、电缆终端头和中间接头的基本要求

电缆终端头和中间接头是电缆线路中的重要附件,但又是整个电缆线路的薄弱环节,约占电缆故障的 70%。由此可见,确保电缆接头的质量,对电缆线路的安全运行意义很大。对电缆接头的制作要求大致有以下几点:

(1)导体连接良好。

对于终端头,要求电缆线芯和出线鼻子有良好的连接。对于中间接头,则要求电缆线芯与连接管之间连接良好,具体要求如下:

①连接点的电阻小且稳定。要求连接点的电阻与相同长度、相同截面导体的电阻的比值:对于新安装接头,不大于 1;对于运行中终端头和中间接头,应不大于 1.2。

②要有足够的机械强度(指抗拉强度)。对于固定敷设的电力电缆,要求不低于导体本身抗拉强度的 60%。

③要有较好的耐腐蚀性。

④要能耐振动。在振动条件下,接头的电阻仍应达到(1)的要求。

（2）绝缘可靠。

电缆要有满足在各种状态下长期安全运行的绝缘结构，并有一定的裕度。一个电缆头的绝缘水平和使用寿命，在很大程度上取决于绝缘胶和绝缘带的优劣，因此要求绝缘胶和绝缘带有良好的物理性能和稳定的化学性能。

（3）密封良好。

可靠的绝缘要有可靠的密封来保证。一方面要使环境的水分及导电介质不侵入绝缘；另一方面要使绝缘剂不致流失，这就要求有良好的密封性。密封工艺的质量好坏直接关系到电缆头能否长期安全运行。对于铝包电缆或铅包电缆，目前大都采用封铅工艺以达到密封要求。对于封铅，首先要求手工封好的封铅结构致密，它与电缆铅（铝）包及接头套管或尾管紧密连接，使其达到与电缆本体有相同的密封性能和机械强度。同时，在封铅过程中，又不能由于温度过高而烧坏电缆内部的纸绝缘。因此，要求封铅用的焊料熔点比较低，并且在一定温度范围以内呈糊状，即固熔体状态，以便揩搪成型。

（4）足够的机械强度，能适应各种运行条件。

除上述四项基本要求外，还要尽可能考虑到结构简单、体积小、材料省、安装维修简便，以及兼顾到造型美观。

第二节　电缆终端头和中间接头的特点与类型

本节主要介绍电缆终端头和中间接头的特点及类型，并为后续介绍各种类型的电缆终端头和中间接头的制作做好知识储备。

一、终端头和接头特点

（1）电缆终端头是安装在电缆末端，用以保证电缆线路与电力系统其他部分的电气连接，并保持绝缘至连接点的装置。电缆接头是安装在电缆与电缆之间，使之形成连续电路的装置。电缆终端头和接头统称为电缆附件，其绝缘应不低于电缆本体的绝缘水平。

（2）电缆终端头和接头是在电缆端部制作而成的，它们和电缆本身结合为一个整体。不能由制造厂提供完整的电缆附件产品，而必须在现场将工厂制作的各种组件、部件和材料按照相关的设计工艺要求安装到电缆上之后才构成终端头或接头。

（3）电缆终端头和接头必须经工厂制作和现场安装两个阶段完成，影响其整体质量的因素有以下四个方面：

①结构设计合理，所有组件、部件和材料的性能符合相应标准；

②现场安装工艺正确、严谨；

③安装时现场环境条件符合要求；

④包含在终端头和接头内的一段电缆质量良好。

二、终端头和接头类型

（一）电缆终端头类型

（1）电缆终端头按使用场合不同分为户内终端头、户外终端头。高压电缆户外终端头的机械强度应满足使用环境的风力和地震等级的要求,并能承受和它连接的导线上 2 kN 的水平拉力。

(2)电缆终端头按其结构和材质不同分为以下三类:

①一类终端头是具有容纳绝缘浇注剂的防潮密封盒体,以无机材料(瓷套管)为外绝缘的终端头。这类终端头的常见形式是瓷套管式终端头,主要用于户外环境。35 kV 及以上油纸电缆的这类终端头也可用于户内。

②二类终端头是具有容纳绝缘浇注剂的防潮密封盒体,其外绝缘不是无机材料的终端头。这类终端头一般只用于室内环境,如聚丙烯或尼龙外壳的终端头等。

③三类终端头是应用高分子材料经现场制作或工厂顶制、现场装配的终端头。这类终端头广泛应用于交联聚乙烯电缆,常见形式有热缩、冷缩和预制三种。

热缩型,应用高分子聚合物的基料加工成绝缘管、应力管、分支套和伞裙等部件,在现场经装配、加热,紧缩在电缆绝缘线芯上。

冷缩型,应用乙丙橡胶、三元乙丙橡胶或硅橡胶加工成型,经扩张后用螺旋形尼龙条支撑,安装时将绝缘管套在电缆绝缘线芯上,抽去支撑尼龙条,绝缘管靠橡胶收缩特性紧缩在电缆线芯上。

预制型,应用乙丙橡胶、三元乙丙橡胶或硅橡胶材料,在工厂经过挤塑、模塑或铸造成型后,再经硫化工艺制成预制件,在现场进行装配。

(3)封闭式终端头,是不外露于空气中的终端头,它包括设备终端头和 GIS 终端头。

①设备终端头,用作电气设备高压出线接口的电缆终端,如与变压器直接相连的象鼻式终端头和用于中压电缆的可分离连接器等。设备终端上,被连接的电气设备带有与电缆连接的结构或部件,使电缆导体与设备的连接处于全绝缘状态。

②GIS 终端头,用于 SF_6 气体绝缘、金属封闭组合电器中的电缆终端,也称为 SF_6 终端头。它是 GIS 组合电器进出线电源的一种接口,按所接电缆形式不同,有充油电缆 SF_6 终端头和交联聚乙烯电缆 SF_6 终端头,其技术要求有所不同。充油电缆 SF_6 终端头要求有严格防渗漏措施,推荐采用全密封式。

(二)电缆接头类型

(1)按接头功能不同,电缆接头可分为以下几种类型:

①直通接头,又称普通式接头或直线接头,它是连接两根电缆形成连续电路的接头。自容式充油电缆的直通接头,除导体电气连通外,还要确保油道中油流畅通。

②绝缘接头,在接头壳体中间将电缆的金属套、接地屏蔽层和绝缘屏蔽层在电气上隔开,使两侧电缆金属套及外屏蔽层相互绝缘,并且整个壳体对地绝缘,这样的电缆接头称为绝缘接头。这种接头用于较长的单芯电缆线路,需采用金属护套交叉互联方式,以降低金属护套损耗,并将全长电缆线路金属套分割成多段,使每段的感应电压限制在不影响人身和设备安全的限值内。

③塞止接头,连接两根电缆,并用耐压阻隔件将一根电缆中的流体与另一根电缆的绝缘的流体隔开的电缆接头称为塞止接头。塞止接头应用于高落差或较长的自容式充油电缆线路,使各油段内部压力不超过允许值,并减少暂态油压变化的影响,起到防止电缆在金属护套破损时漏油扩大到整条电缆线路的作用。

④分支接头，将支线电缆连接到干线电缆的接头称为分支接头。分支接头可使电缆线路同时送电到两个或三个受电端。

⑤过渡接头，连接两种不同类型绝缘材料的电缆接头称为过渡接头。常见的过渡接头是油纸电缆和交联聚乙烯电缆相互连接的接头。这种接头的绝缘结构和密封工艺比较特殊。不同形式的电缆，如分铅型电缆和屏蔽型电缆相互连接的接头也称为过渡接头。分铅-屏蔽型电缆过渡接头的壳体，一侧为单孔，用于屏蔽型电缆；另一侧为3孔，用于分铅型电缆。

⑥转换接头，用于一根多芯和多根单芯电缆相互连接的接头称为转换接头。

⑦软接头，可以弯曲成弧形状的电缆接头称为软接头。在工厂制作的软接头又称为厂制软接头，用于生产大长度水底电缆时在工厂将两根半成品电缆在铠装之前相互连接。软接头也用于水底电缆检修，在现场用手工制作，称为检修软接头。

（2）按结构和材质不同，接头可分为下述类型：

①绕包型。分带材绕包和成型纸卷绕包两种。这类接头主要用于各电压等级油纸绝缘电缆，也用于110 kV及以下挤包绝缘电缆。

②热缩型。以热缩管材现场套装，经加热收缩成型。

③冷缩型。用弹性体材料经注射硫化，扩张后内衬螺旋状支撑物。

④整体预制型。接头主要部件是橡胶预制件，其内径与电缆外径必须过盈配合，以确保界面间有足够压力。

⑤预制组装型。用预制橡胶应力锥及预制环氧绝缘件在现场组装，并采用弹簧机械紧压。

⑥模塑型。用于交联聚乙烯电缆，是采用经过辐照加工处理的聚乙烯带材，在现场绕包、经模具热压成型的接头。

⑦浇铸型。应用热固性树脂混合物，现场浇铸在经过处理的电缆接头模子或接头盒内，经固化成型。

第三节　电缆终端头和中间接头的结构

本节主要介绍电缆终端头和中间接头的结构，为后续介绍各种类型的电缆终端头和中间接头的制作做好知识储备。

一、6~35 kV电缆终端头和接头结构

（一）6~35 kV油纸绝缘电缆终端头和接头结构

1. 油纸绝缘电缆终端头

6~35 kV油纸绝缘电缆终端头有灌胶型、热缩型和浇铸型三种。

1）灌胶型电缆终端头

图3-1是几种典型的灌胶型电缆终端头，其结构特点列于表3-1。这类终端头具有金属外壳加瓷套管或者塑料外壳，内灌注绝缘胶。其中，塑料外壳终端头只用于户内环境。

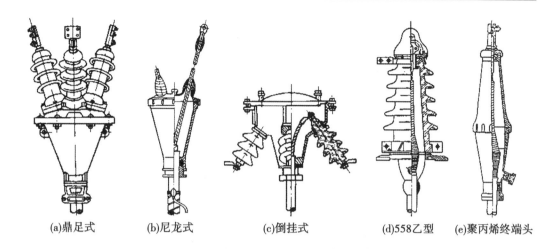

(a)鼎足式　　(b)尼龙式　　　　(c)倒挂式　　　　(d)558乙型　(e)聚丙烯终端头

图 3-1　灌胶型电缆终端头

表 3-1　纸绝缘电缆灌胶型终端头结构特点

电压等级(kV)	结构特点	密封	绝缘胶	形式	适用环境
6~10	铸铁加瓷套管	搪铅	沥青	鼎足式、倒挂式	户外
	尼龙壳体	橡胶	沥青	尼龙式	户内
35	瓷套管加铜尾管	搪铅	低压电缆油	558乙型	户外、户内
	聚丙烯壳体	橡胶	低压电缆油	聚丙烯终端头	户内

户外灌胶型电缆终端头结构有出线金具、瓷套管、壳体和进线套四个主要部件。瓷套管为终端头的外绝缘,35 kV 户外终端头的瓷套管兼有壳体的作用。

灌胶型电缆终端头的主要部件应能通过密封性能试验。一般密封试验规定为施加 0.3 MPa、5 min 的气密试验和施加 0.8 MPa、1 min 的液压强度试验。

2) 热缩型电缆终端头

主要采用热收缩部件制成的电缆终端头,称为热缩终端头,这种电缆终端头与灌胶型电缆终端头相比,具有体积小、质量轻、安装方便等特点,如图 3-2 所示。热缩型终端头适用于 10 kV 不滴流油纸绝缘电缆,具有热收缩雨罩的热缩终端头,可用于户外装置。

(1)热收缩部件的种类和特性。

热收缩部件是采用经过交联工艺使线形结构变成网状结构型分子的聚合物材料,经加热扩张制成,使用时再加热能自行收缩到预定尺寸。用于热缩型终端头的热收缩部件有以下几种:

①热收缩绝缘管,简称绝缘管。它是作为电气绝缘用的管形收缩部件。

②热收缩半导电管,简称半导电管。它是体积电阻系数小于 10^3 $\Omega \cdot cm$ 的管形热收缩部件。

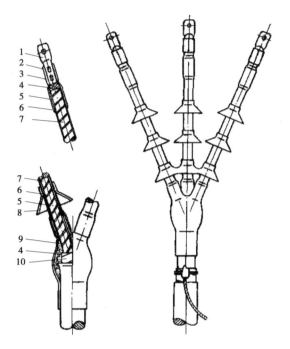

1—端子;2—相色管;3—密封管;4—填充胶;5—绝缘管
6—隔油管;7—电缆绝缘;8—雨罩;9—分支套;10—统包纸

图 3-2 10 kV 油纸绝缘电缆热缩终端头

③热收缩应力控制管,简称应力管。它是具有相应要求的介电系数和体积电阻系数、能缓和电缆端部电场集中的管形热收缩部件。

④热收缩耐油管,简称耐油管。它是在长期接触油类的情况下具有良好耐受能力的管形热收缩部件。

⑤热收缩护套管,简称护套管。它是具有密封和一定机械保护作用的管形热收缩部件。

⑥热收缩相色管,简称相色管。它是作为电缆线芯相色标志的管形热收缩部件。

⑦热收缩分支套和堵油应力胶。分支套是作为多芯电缆线芯分开处密封用的分支形热收缩部件;堵油应力胶用于铅包和分叉部分连接与填充空隙,也起密封作用。

⑧热收缩雨罩,简称雨罩。它是用于增加泄漏距离和湿态闪络距离的伞形热收缩部件。

与热收缩部件配用的材料有热熔胶和填充胶。热熔胶是加热熔化黏合的胶粘材料,填充胶是填充收缩后界面结合处空隙的胶状带材。

(2)热收缩部件的一般技术要求。

热收缩部件表面应无材质不良或工艺不良引起的斑痕和凹坑,内壁应根据具体要求预涂热熔胶。热收缩部件的收缩温度应是 120~140 ℃。热收缩部件在限制性收缩时不得有裂纹和开裂现象。如扳动热收缩终端头后,需再加热一次。

3)浇铸型电缆终端头

1~10 kV 纸绝缘电缆浇铸型终端头的结构,是以聚丙烯、尼龙或预制成型的环氧树脂为外壳,其中浇铸环氧树脂复合物。可用环氧树脂、石英粉、稀释剂和固化剂在现场配制,也可用配套的冷浇铸环氧树脂。10 kV 户外用环氧树脂终端头应有雨罩,如图 3-3 所示。

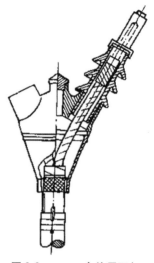

2.纸绝缘电缆接头

根据结构不同,纸绝缘电缆接头有铅套管式、热缩式和浇铸式三种形式。

1)铅套管式接头

铅套管式接头是 35 kV 及以下油纸绝缘电缆接头的传统形式。如以绕包聚四氟乙烯带为增强绝缘,其层间涂抹硅油,在铅套管中,10 kV 接头内灌沥青绝缘剂,35 kV 接头内灌低压电缆油。如以绕包油浸沥青醇酸玻璃丝漆布带为增强绝缘,则在铅套管中均浇灌沥青绝缘剂。35 kV 油纸电缆接头应按规定剥切绝缘梯步。10 kV 纸绝缘电缆铅套管式接头结构如图 3-4 所示。

图 3-3　10 kV 户外用环氧树脂终端头

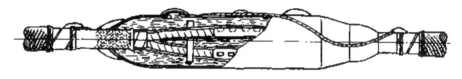

图 3-4　10 kV 纸绝缘电缆铅套管式接头结构

铅套管的内径和长度,应根据电缆的电压等级、选用的绝缘带种类和电缆截面面积而定,见表 3-2。铅套管的厚度一般为 4 mm,内径不宜大于 150 mm,当需要大于 150 mm 的套管时,应采用 1.5 mm 厚紫铜板制成的铜套管。

表 3-2　铅套管规格尺寸

电压等级(kV)	绝缘带	电缆截面面积(mm^2)	铅套管内径(mm)	铅套管长度(mm)
35	聚四氟乙烯带	95~240	60	610
	油浸沥青醇酸玻璃丝漆布带	95~240	90	700
10	聚四氟乙烯带	25~95	90	550
		120~240	115	550
	油浸沥青醇酸玻璃丝漆布带	25~35	90	550
		50~120	115	550
		150~185	130	550
		240	150	600

2)热缩式接头

热缩式接头适用于 10 kV 油纸绝缘电缆,其中密封和堵油靠热收缩部件加热熔胶和耐油填充胶。图 3-5 是 10 kV 油纸绝缘电缆热缩式接头线芯连接处结构。油纸绝缘电缆热缩式接头中起密封作用的热收缩部件必须具有耐油性能。这种接头的关键部位是电缆线芯分叉处,一般采用耐油半导电分支套进行密封,并加耐油管和耐油填充胶等。

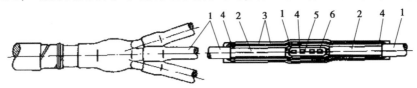

1—半导电管;2—耐油管;3—绝缘管;4—填充胶;5—连接管;6—半导电带

图 3-5 10 kV 油纸绝缘电缆热缩式接头线芯连接处结构

3)浇铸式接头

浇铸式接头常用环氧树脂和聚氨脂树脂两种热固性树脂进行现场浇铸。浇铸式接头的堵油层有硅橡胶带和涂有环氧树脂的玻璃丝带两种材料,在三叉口处应交叉包扎、填实压紧。

(二)6~35 kV 交联聚乙烯电缆终端头和接头结构

1.交联聚乙烯电缆终端头

6~35 kV 交联聚乙烯电缆终端头有绕包式、热缩式、预制式、插入式和冷缩式等。

1)绕包式终端头

增绕绝缘和屏蔽采用橡胶为基材的自粘性带材现场绕包成型的终端头称为绕包式终端头。所用带材有以乙丙橡胶、丁基橡胶或硅橡胶为基材的绝缘带、半导电带和应力控制带;还有以聚氯乙烯或其他塑料为基材的各种保护带、相色带和低压绝缘带等。绕包式终端头是使用较早的一种终端头。35 kV 电缆绕包式终端头,一般用带材绕包应力锥或应力控制层,外绝缘用瓷套结构,内部浇灌液体绝缘剂。图 3-6 是绕包式电缆终端头结构。

2)热缩式终端头

交联聚乙烯电缆的热缩式终端头和油纸绝缘电缆的热缩式终端头基本相同,其增绕绝缘、屏蔽、护层、雨罩及分支套等均为热收缩部件。不同之处在于交联聚乙烯电缆的热缩式终端头不需要隔油管和耐油填充胶,电场控制采用应力控制管或应力控制带。交联聚乙烯电缆热缩式终端头结构如图 3-7 所示。

交联聚乙烯电缆热缩式终端头的技术要求和油纸绝缘电缆基本相同。用于户外的热缩式终端头应有雨罩结构。

3)预制式终端头

预制式终端头是以合成橡胶材料将增强绝缘、应力锥和雨裙在工厂制成一个整体,现场安装比较方便。预制件常用材料有硅橡胶(SIR)和三元乙丙橡胶(EPDM)等。

在预制式终端头中,橡胶预制件的内径和电缆绝缘外径必须有适当的过盈配合,以确保具有足够的弹性紧压力和良好的界面特性,防止出现沿界面放电。

交联聚乙烯电缆预制式终端头结构如图 3-8 所示。

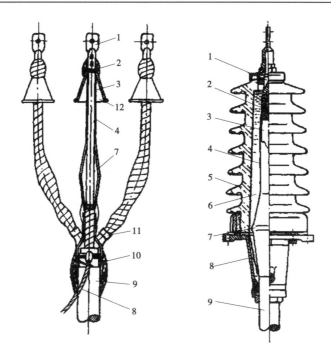

（a）10 kV 绕包式电缆终端头　　　（b）35 kV 绕包式电缆终端头

1—接线柱（端子）；2—电缆导体；3—电缆绝缘；4—绝缘带绕包层；5—瓷套；6—液体绝缘剂；
7—应力锥（应力带）；8—接地线；9—电缆外护套；10—分支套；11—相色带；12—雨罩

图 3-6　绕包式电缆终端头结构

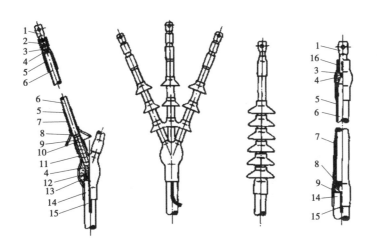

（a）10 kV 热缩式终端头　　　（b）35 kV 热缩式终端头

1—端子；2—相色管；3—密封管；4—填充胶；5—绝缘管；6—电缆绝缘；7—应力管；8—半导电层；9—铜带；
10—雨罩；11—分支套；12—内护层；13—钢铠层；14—外护层；15—接地线；16—衬管

图 3-7　交联聚乙烯电缆热缩式终端头结构

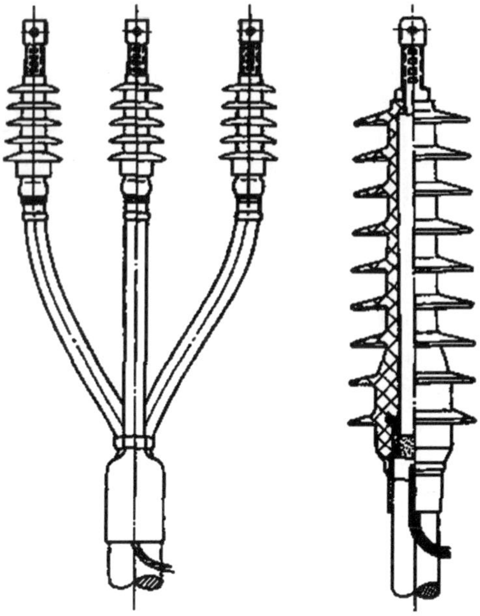

(a)10 kV 预制式终端头　　　　(b)35 kV 预制式终端头

图 3-8　交联聚乙烯电缆预制式终端头结构

4)可分离式连接器

可分离式连接器实际上也是一种预制件装配式终端头,又称为插入式终端头。其特点是不仅将终端头的增强绝缘、应力锥和屏蔽层组合在一起,而且带有导体连接金具,安装在电缆上之后,通过一个过渡件直接插入或借助螺栓连接到电气设备上,需要时可以分离。

可分离式连接器适用于全封闭开关柜和电缆分支箱。图 3-9 是 10 kV 交联聚乙烯电缆可分离式连接器结构。

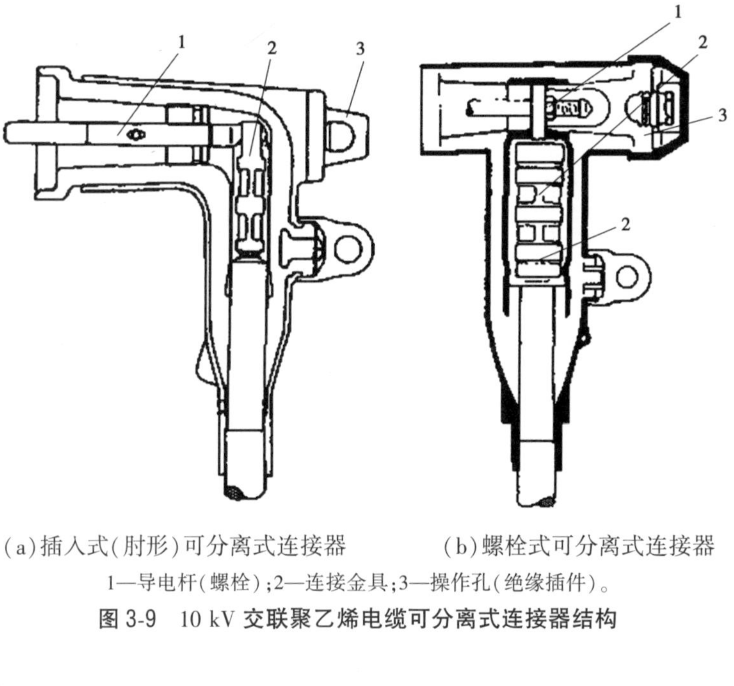

(a)插入式(肘形)可分离式连接器　　　　(b)螺栓式可分离式连接器

1—导电杆(螺栓);2—连接金具;3—操作孔(绝缘插件)。

图 3-9　10 kV 交联聚乙烯电缆可分离式连接器结构

5）冷缩式终端头

冷缩式终端头是采用弹性体材料,在工厂内注射硫化成型,然后经扩张工艺,内衬以塑料螺旋状支撑物。现场安装时,在电缆末端处理后,抽出塑料螺旋支撑物,使其紧压在电缆绝缘上。这种终端在常温下靠弹性回缩力,而不必像热缩式终端头那样需要明火加热。10 kV 交联聚乙烯电缆冷缩式终端头结构如图 3-10 所示。

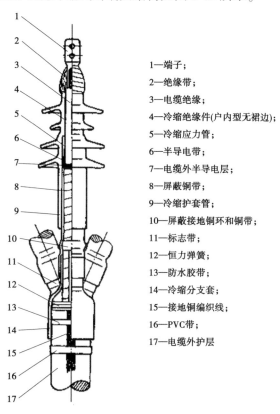

1—端子；

2—绝缘带；

3—电缆绝缘；

4—冷缩绝缘件(户内型无裙边)；

5—冷缩应力管；

6—半导电带；

7—电缆外半导电层；

8—屏蔽铜带；

9—冷缩护套管；

10—屏蔽接地铜环和铜带；

11—标志带；

12—恒力弹簧；

13—防水胶带；

14—冷缩分支套；

15—接地铜编织线；

16—PVC带；

17—电缆外护层

图 3-10　10 kV 交联聚乙烯电缆冷缩式终端头结构

冷缩式终端头可用于 6~35 kV 电压等级,成套冷缩式终端头材料包括采用硅橡胶或乙丙橡胶制成的冷收缩绝缘管、冷收缩应力控制管、冷收缩分支套等冷收缩部件。冷收缩部件在储存期内始终处于高张力状态下,因而所有冷收缩部件都必须按规定妥善仓储,不应有明显的永久变形或弹性应力松弛;否则将对其安装后与电缆本体绝缘之间的弹性紧压力和界面特性产生不良影响。

2. 交联聚乙烯电缆接头

35 kV 及以下交联聚乙烯电缆接头有绕包式、热缩式、预制装配式、冷缩式、模塑式和浇铸式等 6 种,现分述如下。

1）绕包式接头

增绕绝缘和屏蔽采用橡胶为基材的自粘性带材现场绕包成型的接头,称为绕包式接头。所用带材与绕包式终端头基本相同,图 3-11 所示是交联聚乙烯电缆绕包式接头结构。

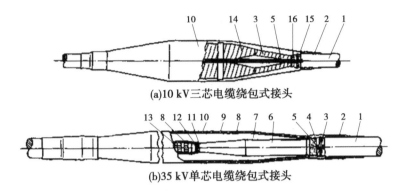

(a)10 kV三芯电缆绕包式接头

(b)35 kV单芯电缆绕包式接头

1—外护层；2—热缩密封管；3—屏蔽铜带；4—外半导电层；5—过桥线；6—电缆绝缘；7—增强绝缘；8—半导电带绕包层；
9—屏蔽铜网；10—热缩护套管；11—内半导电层；12—导体；13—连接管；14—PVC带绕包层；15—钢带；16—内护层

图 3-11　交联聚乙烯电缆绕包式接头结构

绕包式接头采用自粘性橡胶带为增绕绝缘，用半导电自粘性橡胶带从电缆外半导电屏蔽层开始，以半搭盖方式绕包到另一端电缆半导电屏蔽层，然后将屏蔽铜丝网套到接头上，并和两端电缆的屏蔽铜带用锡焊连通。10 kV 接头应将三相合拢，用 PVC 带绑扎，填平三芯分叉处，最后完成热缩护套管的加热收缩，热缩护套管的两端内壁应预涂热熔胶。

2）热缩式接头

将电缆接头用绝缘管、半导电管、应力管和内外护套管等热收缩管材，套装在经过处理的连接处，再进行加热收缩后形成的电缆接头，称为热缩式接头。图 3-12 所示是 10 kV 交联聚乙烯电缆热缩式接头结构。

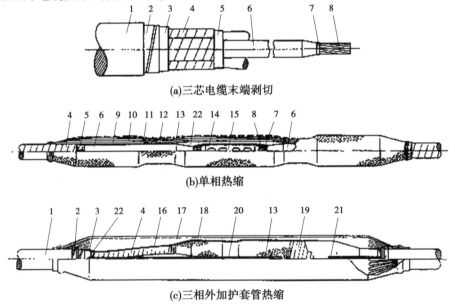

(a)三芯电缆末端剥切

(b)单相热缩

(c)三相外加护套管热缩

1—外护套；2—钢带；3—内护套；4—屏蔽铜带；5—外半导电层；6—电缆绝缘；7—内半导电层；
8—导体；9—应力管；10—内绝缘管；11—外绝缘管；12—半导电管；13—屏蔽铜丝网；14—半导电带；
15—连接管；16—内护套管；17—金属护套管；18—外护套管；19—绑扎带；20—过桥线；21—钢带跨接线；22—填充胶

图 3-12　10 kV 交联聚乙烯电缆热缩式接头结构

在热缩式接头中,连接管的压坑应用应力控制胶填平,并在连接管处覆盖一层铝箔,应力管、绝缘管和半导电管两端都要用填充胶带或绝缘橡胶自粘带包绕填充,以形成均匀过渡。

3)预制装配式接头

预制装配式接头是以合成橡胶材料将增强绝缘和应力锥等接头部件在工厂制成一个整体,套装在经过处理的电缆连接处而形成的接头。预制件材质为硅橡胶(SIR)或三元乙丙橡胶(EPDM)。图3-13所示是交联聚乙烯电缆预制装配式接头结构。

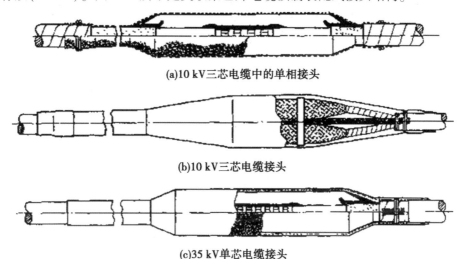

(a)10 kV三芯电缆中的单相接头

(b)10 kV三芯电缆接头

(c)35 kV单芯电缆接头

图3-13 交联聚乙烯电缆预制装配式接头结构

在预制装配式接头中,电缆导体连接处有一个内半导电屏蔽层结构,它与电缆导体相接触,与电缆导体处在等电位。导体连接处的气隙由于处在等电位下不会放电,电缆绝缘末端不必切削反应力锥,当电缆绝缘产生轴向回缩时,只要没有回缩到预制件接头内半导电屏蔽层以外,就不会影响接头电气性能。因此,预制件的内半导电屏蔽层的两个端部的形状和尺寸是预制装配式接头设计的关键部位。和预制装配式终端头一样,橡胶预制件的内径和电缆绝缘外径采取过盈配合,以确保具有足够的弹性紧压力和良好的界面特性,防止出现沿界面滑移放电。

4)冷缩式接头

冷缩式接头和冷缩式终端头一样,是采用弹性体材料、工厂预扩张工艺,内衬以塑料螺旋状支撑物支撑。现场安装时,将其套装在经过处理的电缆连接处,抽出塑料螺旋状支撑物,使其紧压在电缆绝缘上。图3-14所示是10 kV交联聚乙烯电缆冷缩式接头结构。

冷缩式接头采用半搭盖绕包一层防水带,两端覆盖电缆外护套各60 mm。然后用预浸渍可固化的聚氨酯玻璃纤维编织带绕包整个接头表面,作为铠装带,固化后起机械保护作用。

5)模塑式接头

利用辐照交联或化学交联的聚乙烯薄膜带材绕包在经过处理后的电缆接头处,采用专用模具加热成型的接头称为模塑式接头。聚乙烯带材经过剂量为$(1 \sim 1.5) \times 10^7$ rad 的

(a)10 kV单相冷缩式接头

(b)10 kV三相冷缩式接头

1—屏蔽铜带;2,12—橡胶自粘带;3—恒力弹簧;4—半导电带;5—外半导电层;6—电缆绝缘;
7—冷缩绝缘管;8—屏蔽铜网;9—连接管;10,15—PVC胶粘带;11—电缆外护层;
13—防水带;14—钢带跨接线;16—填充料;17—铠装带

图3-14   10 kV交联聚乙烯电缆冷缩式接头结构

电子辐照,并预拉伸30%的加工处理,绕包成接头后,在模具的紧压下经加热有回缩作用,使绕包的带材层间气隙受到压缩,因而提高了气隙放电电压。

模塑式接头适用于35 kV及以下交联聚乙烯电缆。图3-15所示是35 kV交联聚乙烯电缆模塑式接头结构。

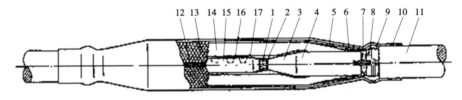

1—导体;2—内半导电层;3—反应力锥;4—电缆绝缘;5—PVC带;6—热缩护套管;
7—外半导电层;8—屏蔽铜带;9—铜扎线;10—热熔胶;11—外护套;12—过桥线;13—屏蔽铜丝网;
14—交联聚乙烯带;15—连接管;16—半导电带;17—乙丙橡胶带

图3-15   35 kV交联聚乙烯电缆模塑式接头结构

制作模塑式接头,除应用铝合金模具外,也可采用耐热张力带拉伸绕包在接头表面,然后加热塑化成型。

6)浇铸式接头

用热固性树脂现场浇铸在电缆接头盒或接头模具内而形成的电缆接头,称为浇铸式接头。在交联聚乙烯等挤包绝缘电缆上使用较多的是聚氨酯树脂,主要用作直通式和分支式接头。固化后的聚氨酯具有较高的弹性。

浇铸式接头的应力控制方法为包绕应力控制带或包绕应力锥。接头的屏蔽层必须和两端电缆的屏蔽层可靠连接。

3.35 kV及以下过渡电缆接头

交联聚乙烯电缆与油纸绝缘电缆相互连接的接头,称为过渡接头。这两种不同绝缘结构的电缆相互连接,一个重要的结构要求是堵油和防油。第一,必须采用塞止式接管。第二,在油纸绝缘表面要施加堵油层,阻止油纸绝缘中电缆油流出,在交联聚乙烯绝缘表面施加防油层,防止接头内电缆油与交联聚乙烯绝缘相接触,交联聚乙烯如果长期接触电缆油会产生溶胀现象,从而降低其绝缘性能。

常用过渡接头有 10 kV 浇铸式、10 kV 热缩式和 35 kV 绕包式三种类型。

1)10 kV 浇铸式过渡接头

在 10 kV 浇铸式过渡接头中,用硅橡胶带作为油纸绝缘的堵油层。线芯分叉处用耐油填充胶带包绕填充,并用玻璃丝带扎紧,或用聚乙烯软手套套在线芯分叉根部,之后用硅橡胶带从铅护套端部包绕到分叉口上,然后在每相线芯上再包 2 层硅橡胶带。

交联聚乙烯电缆线芯绝缘上,绕包 4 层应力控制带和 2 层 J30 绝缘带。在油纸和交联聚乙烯电缆塞止接管和绝缘端口,分别用硅橡胶带和半导电带填平,在其上包 2 层硅橡胶带。接头当中用支撑板使三相线芯间距均匀。接头外壳两端用密封带绕包密封,接头中灌满合成树脂。

2)10 kV 热缩式过渡接头

10 kV 热缩式过渡接头的结构,基本上一半是油纸电缆热收缩终端,另一半是交联聚乙烯电缆热收缩终端,当中采用塞止连接管和堵油密封胶。

热缩式过渡接头在结构上的关键部位在于油纸绝缘电缆端必须有完善的堵油层。在每相线芯上一般先包绕一层聚四氟乙烯带,套上隔油管,加热收缩。在油纸绝缘电缆的三叉口,用堵油密封胶绕包塞紧,再套入半导电分支手套加热收缩。

过渡接头的绝缘管覆盖在油纸电缆线芯的隔油管和交联聚乙烯电缆的线芯绝缘及应力管上。在绝缘管两端用填充胶带或绝缘橡胶自粘带包绕填充,以形成均匀的过渡锥面。然后,将半导电管移至中间热收缩,再用半导电带包绕填充,使其与交联聚乙烯电缆的半导电层和油纸电缆上的半导电管连通,形成均匀过渡。

3)35 kV 绕包式过渡接头

交联聚乙烯端的结构和绕包式接头基本相同。在油纸电缆端剖铅长度为 320 mm时,可用切削法制作反应力锥,长度为 80 mm。堵油结构是先在塞止式接管端口包绕堵油密封胶,留出内半导电纸 3 mm。在接管上包 2 层半导电带,分别搭盖交联电缆内半导电层 5 mm 和堵油密封胶。然后自接管中间到油纸电缆外半导电纸端口包绕硅橡胶带 2层。在铅包端口包绕堵油密封胶,分别搭盖铅包和硅橡胶带各 5 mm。最后包一段半导电带和应力控制带。

35 kV 绕包式过渡接头的增绕绝缘材料是乙丙橡胶自粘带,其包绕外径为连接管外径加 32 mm,分别搭盖过两端的应力控制带。然后增绕绝缘外包绕半导电橡胶自粘带 2层和屏蔽铜网,最后组装玻璃钢保护盒,将缝隙处用密封泥填实,灌注防水涂料或 1 号沥青(浇灌温度为 90 ℃)。

4.电缆分支接头和分支箱

在城市电缆网中,常需要将一条电缆与两条电缆或两条以上电缆相连接,这就要求解决电缆分支问题,解决方法有采用环网柜装置、安装分支接头和分支箱三种。环网柜虽然投资较大,但有利于电缆头安装和运行检修,在有条件时应予以推荐采用。分支接头和分支箱的结构形式如下。

1）分支接头

分支接头又称 T 字接头,它有以下两种结构形式:

(1)用特制连接管将电缆相互连接,适用于 10 kV 及以下电缆的分支连接。

(2)用绝缘连接盒将电缆相互连接,适用于截面面积较大的单芯电缆分支连接,可用于 110 kV 电压等级,其外形如图 3-16 所示。

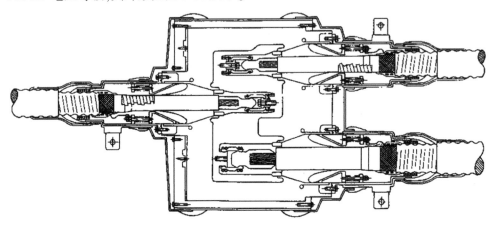

图 3-16 电缆分支接头外形

2）分支箱

电缆分支箱主要应用于 6~10 kV 电压等级。老式分支箱为铸铁壳体,内安装 3~4 只户内型电缆终端头。新型电缆分支箱为不锈钢外壳,采用橡胶预制插入式终端头和绝缘母排结构。有的分支箱中还装有熔丝和避雷器等保护装置。

图 3-17 所示是一种新型电缆分支箱结构。

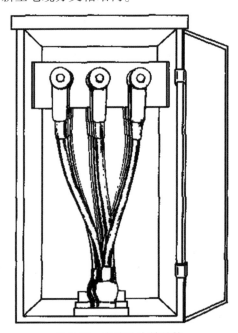

图 3-17 电缆分支箱结构

二、高压电缆终端头和接头结构

110 kV 及以上高压电缆终端头和接头的结构设计和安装工艺，与中、低压电缆相比较，有以下特殊要求：

（1）根据电缆终端头电场分布，靠近金属护套边缘电场比较集中，有较大的轴向分量，在进行结构设计和安装时，必须重视改善金属护套处的场强。通常采用增加绝缘厚度，利用高介电常数材料或电容锥来强制改善终端头或接头电场分布等方法，使电场沿轴向均匀分布。

（2）高压电缆终端头的典型结构一般由内绝缘、外绝缘、密封结构、出线金具和屏蔽罩等部分组成。

（3）线路较长的单芯高压电缆线路，为了降低金属护套的环流损耗和感应电压，应安装绝缘接头，实行护套交叉互联。线路较长的单芯自容式充油电缆，为了满足在负荷和环境温度变化时线路油压变化在允许范围，一般每隔 3 km 左右安装塞止接头，将电缆线路分隔成若干油段。

（一）自容式充油电缆终端头

充油电缆终端头按使用环境不同分为敞开式终端头和封闭式终端头。敞开式终端头用于将电缆与架空线或其他电气设备相连，适用于户外环境。封闭式终端头有两种形式：一是 GIS 终端头，用于 SF_6 气体绝缘、金属封闭组合电器中的电缆，又称 SF_6 终端头；二是设备终端头，用作电气设备高压出线的接口，如与变压器相连的象鼻式终端头等。

1. 敞开式终端头

敞开式终端头也可称瓷套管式终端头，其结构一般由以下部件组成。

1）内绝缘

内绝缘有增强式和电容式两种。增强式终端头的内绝缘结构是在电缆的绝缘层外加包增绕绝缘层，使终端头处的等效半径 R_e 加大，以降低电缆末端部分的径向场强及轴向场强。同时，在应力锥的末端套上浇铸成型的环氧树脂增强件，以提高端部的内绝缘电气强度，使内绝缘距离可以大为缩短，并使应力锥可以高于瓷套接地法兰屏蔽。220 kV 充油电缆环氧增强式终端头如图 3-18 所示。电容式终端头是在电缆终端头上采用电容锥或电容饼的结构，即在终端头上附加一定的电容，以强制电缆终端头轴向电场均匀分布。

2）外绝缘

外绝缘主要包括瓷套及其伞裙和预制橡胶增爬裙等。外绝缘必须满足所设置环境条件（如污秽等级、海拔高度等）的要求，并有一个合适的泄漏比距。一般瓷套泄漏比距应不小于 25 mm/kV。

3）其他零部件

其他零部件有出线金具、底板、上下屏蔽罩、耐油橡胶密封圈、隔离绝缘垫、衬瓦和固定金具等。

2. GIS 终端头

GIS 终端头是气体绝缘金属封闭电器电缆终端头，是与气体绝缘金属封闭开关设备直接相连的电缆终端头，也称 SF_6 终端头。GIS 终端头的结构紧凑，不受外界大气条件影

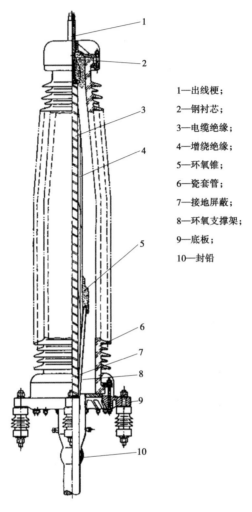

1—出线梗；

2—钢衬芯；

3—电缆绝缘；

4—增绕绝缘；

5—环氧锥；

6—瓷套管；

7—接地屏蔽；

8—环氧支撑架；

9—底板；

10—封铅

图 3-18　220 kV 充油电缆环氧增强式终端头结构

响,在城市电网中应用越来越广泛。220 kV 自容式充油电缆 GIS 终端头如图 3-19 所示。GIS 终端头的内绝缘也有增强式和电容式两种。

GIS 终端头出线部位为全密封结构。因全密封结构使电缆油和 SF$_6$ 气体彻底隔开,所以全密封结构的 SF$_6$ 终端头不必要求油压大于气压,对电缆和 GIS 终端头组合电器的绝缘结构不会产生任何影响。

3. 象鼻式终端头(设备终端)

象鼻式终端头又称油中终端,用于和变压器出线端相连,使电缆直接进入变压器。象鼻式终端头的结构分为以下三部分:

(1)电缆终端。位于电缆入口处,一般采用电容式结构。

(2)变压器终端。位于变压器内,采用瓷套管隔离,内绝缘为电容锥结构。

(3)绝缘连臂。在电缆终端和变压器终端相连弯曲处,用铜管做外壳,用皱纹绝缘纸绕包连接部件。

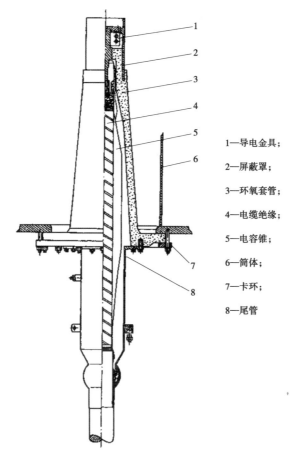

1—导电金具；

2—屏蔽罩；

3—环氧套管；

4—电缆绝缘；

5—电容锥；

6—筒体；

7—卡环；

8—尾管

图 3-19　220 kV 自容式充油电缆 GIS 终端头结构

(二)交联聚乙烯电缆终端头

交联聚乙烯电缆终端头和充油电缆终端头相仿,有敞开式和封闭式之分,主要结构有敞开式(瓷套管)终端头、GIS 终端头和象鼻式终端头等。

现以敞开式电缆终端头为例,说明高压交联聚乙烯电缆终端头的特点。

1.以橡胶预制增强件为主的内绝缘结构

高压交联聚乙烯电缆终端头广泛使用乙丙橡胶或硅橡胶制成的预制增强件。预制增强件底部应力锥与挤压半导电性合成橡胶(接地屏蔽)黏合成整体。安装时,电缆绝缘表面及外半导电层经过打磨处理并揩拭干净后,把预制件套入。

为了确保预制增强件与电缆表面的接触压力以提高绝缘性能,在预制增强件上部加一个环氧支撑座,在下部加一个弹簧压缩金具,用螺栓调整压力。图 3-20 所示为 220 kV 交联聚乙烯电缆敞开式终端头结构。

2.绝缘剂压力补偿装置

在高压交联聚乙烯电线敞开式终端头内需灌注绝缘剂,绝缘剂一般采用硅油,也可用聚异丁烯。为了消除由于温度变化、热胀冷缩导致绝缘剂压力变化的影响,应装设绝缘剂压力补偿装置。常用压力补偿装置有以下三种。

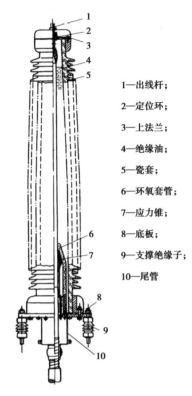

图 3-20　220 kV 交联聚乙烯电缆敞开式终端头结构

1—出线杆；

2—定位环；

3—上法兰；

4—绝缘油；

5—瓷套；

6—环氧套管；

7—应力锥；

8—底板；

9—支撑绝缘子；

10—尾管

1）硅油压力箱

硅油压力箱与充油电缆压力箱相类似,应采用低黏度硅油(黏度为 50~100 mm^2/s),适用于硅油容量较大的户外终端。

2）硅油瓶

对 GIS 终端头或象鼻式终端头,由于硅油总容量较小,可采用类似充油电缆重力箱的装置,用一小瓶硅油来调节终端头中硅油体积的变化,应采用高黏度硅油(黏度为 1 000~12 500 mm^2/s)。

3）自由补偿空间

在瓷套顶部留有空隙,由它来调节硅油的体积变化,应采用低黏度硅油(黏度为 50~100 mm^2/s)。

（三）自容式充油电缆接头

高压自容式充油电缆接头按其作用不同可分为直通接头、绝缘接头和塞止接头三种,现就直通接头简述如下。

图 3-21 所示是 220 kV 自容式充油电缆直通接头结构。直通接头的作用是将两段电缆相互对接,其结构特点如下:

（1）导体连接采用特制压接管,电缆油道内加钢衬芯,以确保压接后油道畅通。

（2）剥切电缆绝缘以"梯步"的方式形成反应力锥。

（3）增绕绝缘结构是以皱纹纸带填平,绕包成型纸卷。

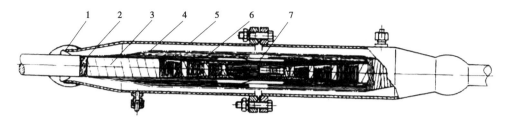

1—封铅;2—电缆绝缘屏蔽;3—电缆绝缘;4—应力锥;5—外壳;6—增绕绝缘;7—连接管

图 3-21　220 kV 自容式充油电缆直通接头结构

(4)外屏蔽结构为半导电皱纹纸、铜带和铜丝编织带,并与两端电缆的外屏蔽连通。

(5)外壳为铜管,并附有上、下油嘴。

(四) 交联聚乙烯电缆接头

交联聚乙烯电缆接头按绝缘结构区分有多种形式,现就我国比较常用的绕包式接头和预制式接头两种结构形式分述如下。

1. 绕包式接头

图 3-22 所示为 110 kV 交联聚乙烯电缆绕包式绝缘接头结构,其特点如下:

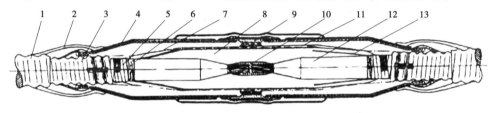

1—塑料护套;2—接头密封;3—波纹铝护套;4—铜保护盒;5—铜屏蔽;6,13—半导电层;7—接地屏蔽带;
8—增绕绝缘;9—绝缘筒体;10—连接管;11—半导电带;12—电缆绝缘

图 3-22　110 kV 交联聚乙烯电缆绕包式绝缘接头结构

(1)应用专用工具切削反应力锥。反应力锥表面必须光滑,反应力锥和内半导电层交界处应有光滑过渡,反应力锥和电缆绝缘交界处也应有光滑过渡。

(2)采用自粘性乙丙橡胶带(J50)为增绕绝缘。两端约 100 mm 处反应力锥段采用 0.25 mm 厚乙丙橡胶带绕包,填平反应力锥后改用 0.5 mm 乙丙橡胶带绕包。绕包时应将绝缘带拉伸 75%,即将 25 mm 宽绝缘带拉伸到 18 mm 宽,一般采用绕包机进行机械绕包。

(3)绕包式直线接头的外半导电屏蔽层应全部连通,绝缘接头的两侧外半导电屏蔽层必须断开。

(4)绕包式接头以铜套管为外壳,铜套管外壳和电缆金属护套(波纹铝护套)之间采用绕包玻璃丝带加环氧树脂涂层方式密封。铜盒内应灌注环氧树脂复合物,作为整体防水密封。

2. 预制式接头

(1)预制式接头的类型。预制式接头也是交联聚乙烯电缆接头的主要品种,它具有安装时间较短、产品质量稳定等优点。预制式接头有以下三种类型:

①组合预制绝缘件接头。接头绝缘由预制橡胶应力锥和预制环氧绝缘件在现场组装,并采用弹簧紧压,使得预制橡胶应力锥与交联电缆绝缘界面和环氧绝缘件界面间达到

一定压力,以保持界面电气绝缘强度。

②整体预制橡胶绝缘件接头。接头采用单一橡胶绝缘件,交联绝缘外径与橡胶绝缘件内径有较大的过盈配合,以保持橡胶绝缘件和交联电缆绝缘界面的压力。要求橡胶绝缘件具有较大的断裂伸长率和较低的应力松弛,以满足安装和运行的需要。图3-23 所示为 220 kV 交联聚乙烯电缆整体预制式接头结构。

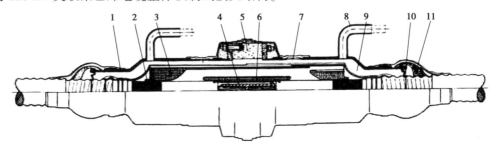

1—铜套管;2—电缆半导电层;3—预制绝缘件;4—接管;5—环氧隔离板;6—屏蔽罩;
7—浇灌孔;8—同轴电缆接线端;9—浇灌剂;10—铜纺织带;11—封铅

图 3-23   220 kV 交联聚乙烯电缆整体预制式接头结构

③预制橡胶绝缘件接头。它的中央具有手镯形镀银硬质导电金属插接嵌件,电缆端部按工艺尺寸剥切,导体焊接镀银硬质触头经表面打光处理后,将接触部分涂上润滑脂,用机械加压装置将电缆导体触头插入预制橡胶绝缘件的金属插接嵌件。

(2)预制式接头的结构特点如下:

①预制式接头的主要部件是橡胶绝缘预制件,交联聚乙烯电缆绝缘的外径和橡胶绝缘预制件的内径之间一般有较大的过盈配合,以保持橡胶绝缘预制件和交联聚乙烯电缆绝缘界面有足够的压力。因此,安装整体预制式接头必须使用专用的扩张工具和牵引工具。

②预制式接头必须按制造厂提供的工艺技术要求安装,严格控制工艺尺寸,对电缆绝缘外表面和绝缘与屏蔽层交界面必须接规定进行打磨处理。

③为了使电缆绝缘屏蔽层和预制件内部屏蔽层能够紧密接触,应采用涂导电漆或模压半导电带的方法,对电缆绝缘屏蔽层进行延伸。

④连接管外装设屏蔽罩。屏蔽罩卡住接管两端电缆绝缘要特别加工成凹槽,压在接管中的铜编织带和屏蔽罩内的铜编织带应相连接。

⑤用特制牵引工具将经预先扩张好的绝缘预制件套入电缆,然后把扩张金属管从两边抽出。

⑥预制装配式接头的外壳为铜套管。铜套管和电缆金属护套之间采用搪铅方式密封。

第四节   电缆终端头和中间接头的专用机具和材料

本节主要介绍电缆终端头和中间接头制作过程中需要用到的各种专用机具和材料,使学员熟悉,为后续介绍电缆终端头和中间接头制作与安装打下基础。

一、导体压接机具

导体压接机具是指用来实现导体连接的专用机具。其功能是,应用杠杆或液压原理,施加一定的机械压力于压接模具,使电缆导体和导电金具在连接部位产生塑性变形,在界面上构成导电通路,并具有足够机械强度。

导体压接机具通称为压接钳,压接钳的种类很多。在电缆施工中,对压接钳的要求是:第一,应有足够的出力,以满足导体压接面宽度所必需的压力;第二,要求小型轻巧,容易携带,操作维修方便;第三,要求模具齐全,一钳多用。根据导体连接的不同需要,适用于电力电缆的压接钳按动力方式分为手动式液压钳和电动式液压钳,按结构分为整体式液压钳和分体式液压钳。

图 3-24 为手动式液压钳,图 3-25 为电动式液压钳,图 3-26 为分体式液压钳。使用压接钳时应注意以下几点:

(1)压接钳的选用。根据导体截面面积大小、工艺要求,并考虑应用环境,选用适当的压接钳。

(2)压接模具的选用。一把压接钳配有一套模具,应根据电缆导体种类、导体的截面和工艺要求,选用适当的压接模具。压接模具有点压和围压两种。

(3)故障处理。在使用中,如液压钳发生故障,一般可按以下次序检查处理:首先检查回油阀、进油阀和出油阀,这 3 个阀开、闭要正确。其次检查贮油室,贮油室中应有足够的油量,油量不足时应予添加。最后检查密封件,如松弛漏气,应予更换。

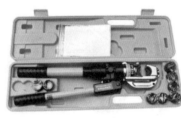

图 3-24　手动式液压钳

图 3-25　电动式液压钳

(a) 分体式手动液压钳　　　　　(b) 分体式电动液压钳

图 3-26　分体式液压钳

二、剥切专用工具

电缆剥切专用工具是指用来剥切电缆的专用工具,包括电缆剥切器、电缆绝缘剥切钳、反应力锥切削器、剖塑刀等。

电缆剥切器如图 3-27 所示,主要由手柄、调节旋钮、刀片、压板或滑轮构成。其中,手柄用于旋转剥切器,使刀片旋转进刀剥切电缆绝缘;调节旋钮用于调节进刀深度;刀片用于剥切电缆绝缘或半导电层;压板或滑轮用于压紧电缆,将电缆剥切器固定于电缆上并能够围绕电缆轴向旋转。使用切削刀时,根据电缆绝缘厚度和导体截面对刀片进行调节。切削绝缘层应使刀片旋转直径略大于电缆导体外径,切削外半导电层时应略大于电缆绝缘外径。在切削绝缘层时,将绝缘层和内半导电层同时切削,直到距切削末端 10 mm 处,再调节刀具,以保留此段内半导电层。为了防止损伤电缆导体,应套入内衬管。对于不可剥离的外半导电层,在使用刀具切削后,对半导电层的残留物须清理干净。用 0 号砂纸清理后,须涂抹硅油。

图 3-27　电缆剥切器

电缆绝缘剥切钳如图 3-28 所示,主要由手柄、刀片、压板组成,可以沿径向或者轴向压切电缆绝缘。

电缆反应力锥切削器如图 3-29 所示。将其套于电缆一端绝缘上后使用把手旋转,刀片即可切割下电缆绝缘,由于刀片与电缆轴向呈一定角度,故可将电缆绝缘剥切为铅笔头形状,形成反应力锥。使用时根据电缆绝缘厚度和导体直径调节刀片位置,并套入内衬管。切削后应对锥面进行修整,并用细砂纸打磨光滑。

图 3-28　电缆绝缘剥切钳　　　　　　　　图 3-29　电缆反应力锥切削器

三、矫直工具

电缆矫直包括机械矫直和加热矫直,分别使用电缆矫直器和加热矫直设备。电缆矫直器是机械性地将电缆由圆弧形状改变为平直形状的一种液压机具,如图 3-30 所示。

图 3-30　电缆矫直器

制作交联聚乙烯电缆中间接头和终端头,均要求先对电缆本体进行加热矫直。加热矫直设备如图 3-31 所示。通过加热矫直达到下列工艺要求:

图 3-31　电缆加热矫直设备

(1)35 kV 及以下电缆,每 500 mm 长弯曲偏移不大于 5 mm;

(2)110 kV 及以上电缆,每 600 mm 长弯曲偏移不大于 2 mm。

交联聚乙烯电缆进行加热矫直的第二个作用是,利用加热矫直过程加速交联聚乙烯绝缘沿轴向的"回缩",使其在制造过程中存留在绝缘内部的热应力得到释放,从而减少安装后在绝缘末端产生气隙的可能。

加热矫直所需工具和材料主要有:温度控制箱(含热电偶和接线)、加热带、一对专用电缆矫直模具(常用角钢、半圆形钢材等)、石棉带、玻璃丝带、阻热带及自粘性塑料带。

加热矫直的温度控制在(75±3)℃。安装终端头时,需加热 3 h 进行矫直;而安装中间接头时,加热持续时间 6 h。

四、制作终端头和中间接头所需材料

(一)自粘性橡胶绝缘带

自粘性橡胶绝缘带是以硫化或局部硫化的合成橡胶(丁基橡胶或乙丙橡胶)为主体材料、加入其他配合剂制成的带材,主要用于挤包绝缘电缆接头和终端头的绝缘包带。使用时,一般应拉伸 100% 后包绕,使其紧密地贴附在电缆上,产生足够的黏附力,并成为一个整体。在层间不存在间隙,因而有良好的密封性能。按使用电压等级和长期允许工作温度不同,自粘性橡胶绝缘带有几种牌号,如 J20 绝缘自粘带用于 10 kV 电缆,它是丁基自粘性橡胶带;J30 绝缘自粘带用于 35 kV 电缆,它是乙丙自粘性橡胶绝缘带;J50 乙丙自粘性橡胶绝缘带,可作为 110 kV 交联聚乙烯电缆接头的增绕绝缘包带。

自粘性橡胶绝缘带一般厚 0.7 mm、宽 20 mm,每卷长约 5 m,产品储存期为 2 年(自出厂之日算起)。自粘性橡胶绝缘带的性能指标应符合表 3-3 的要求。

表 3-3　自粘性橡胶绝缘带的性能指标

项目名称	J20	J30	J50
长期允许工作温度(℃)≤	80	90	90
抗拉强度(MPa)≥	1.0	1.7	1.7
伸长率(%)≥	500	500	700
击穿场强(kV/mm)≥	18	28	35
体积电阻率(Ω·m)≥	10^{12}	10^{13}	10^{14}
介质损耗角的正切值 tanδ≤	0.035	0.01	0.008
相对介电常数≤	4	3.5	3
自粘性	无松脱	无松脱	无松脱
耐热应力开裂	不开裂	不开裂	不开裂
允许工作电压(kV)≤	10	35	138

(二)聚乙烯辐照带

以模塑法工艺制作 35 kV 及以下交联聚乙烯电缆接头和终端头应力锥,可用聚乙烯辐照带作为绕包材料。该带材一般厚度为 0.1 mm、宽度为 25 mm。其加工过程是将聚乙烯吹塑薄膜(宽 250 mm)经剂量为 $(1\sim1.5)\times10^7$ rad 的电子辐照,并预拉伸 30%,然后经清洗和烘干处理,切制成带材。

聚乙烯辐照带在包绕后经加热模塑成型,具有较高的绝缘强度和耐热性能。这种带材有较强的吸附性,必须存放于清洁干燥的场所,在使用时操作者要戴尼龙手套。

(三)聚四氟乙烯带

聚四氟乙烯带具有优良的电气性能,它是将定向聚四氟乙烯薄膜加工为厚 0.02~0.1 mm、宽 20~25 mm 的带材,可用作 35 kV 及以下油纸电缆接头的增绕绝缘包带,它与沥青醇酸玻璃丝漆布带相比,可使电缆接头尺寸明显缩小。当包绕聚四氟乙烯带时,其层间需涂抹硅油。

特别需要注意的是,当温度超过 180 ℃时,聚四氟乙烯将产生气态有毒氟化物。因此,这种带材切忌碰及火焰,施工中余料必须回收集中处理。

(四)透明聚氯乙烯带

透明聚氯乙烯带厚 0.23 mm、宽 25 mm,一般用于临时包扎或缠绕在电缆头外层起保护作用(时间过长会产生龟裂)。

(五)化学交联带

化学交联带厚 0.2 mm、宽 18 mm,用大截面交联聚乙烯电缆绝缘层制成。其制作方法是将电缆绝缘层切成长 150 mm 的小段,再切成带子状,卷绕而成。它用于交联聚乙烯绝缘电缆的终端头和中间接头包绕绝缘。

(六)自粘性应力控制带

自粘性应力控制带厚 0.8 mm、宽 2 mm,适用于导体连续运行温度不超过 90 ℃的 35 kV 及以下电压等级的橡胶电缆终端头中的应力控制结构,其性能指标如表 3-4 所示。

表 3-4　自粘性应力控制带的性能指标

序号	项目名称	单位	指标
1	抗拉强度	N/cm²	≥100
2	老化后抗拉强度	N/cm²	≥100
3	拉断伸长率	%	≥400
4	老化后拉断伸长率	%	≥300
5	介电常数 ε		≥15
6	体积电阻率	Ω·m	10⁶
7	自粘性		无松脱
8	耐热应力开裂		不变形、不开裂

(七)聚氯乙烯胶粘带

聚氯乙烯胶粘带厚 0.12 mm、宽 10 mm 或 25 mm,用于 10 kV 及以下电压等级电缆终端头的一般密封。

(八)半导电乙丙自粘带

半导电乙丙自粘带厚 0.6 mm、宽 25 mm,适用于导体连续运行温度不超过 90 ℃的 110 kV 及以下橡塑电缆终端头和中间接头中导电屏蔽结构中,其性能指标如表 3-5 所示。

表 3-5　半导电乙丙自粘带性能指标

序号	项目名称	单位	指标
1	抗拉强度	N/cm^2	≥100
2	拉断伸长率	%	≥500
3	体积电阻率	Ω·m	$10^2 \sim 10^3$
4	热老化后体积电阻率	Ω·m	$10^2 \sim 10^3$
5	自粘性		无松脱
6	耐热应力开裂		不变形、不开裂
7	耐紫外光		无裂纹

(九) 自粘性硅橡胶带

自粘性硅橡胶带厚 0.5 mm、宽 25 mm,绝缘性能好,耐电晕,适用于 35 kV 电缆的终端头增绕绝缘。

第五节　电缆终端头和中间接头的其他要求

本节主要介绍电缆终端头和中间接头的一些要求,包含导体连接要求、绝缘处理要求、密封处理要求等,为后续介绍电缆终端头和中间接头制作与安装打下基础。

一、导体连接要求

在电缆终端头和中间接头的制作过程中,导体的连接是至关重要的一步,关系到电缆线路能否长期安全稳定运行。当导体连接不良时,线性温度会呈现冷热交替循环趋势,最终导致电缆线芯导电性能恶化、线芯温度上升,甚至烧穿电缆造成事故。

电缆线芯导体的连接方式主要包括焊接(钎焊、熔焊、亚弧焊等)和压接,不管线芯导体的连接方法是什么,其基本要求都是一致的:

(1)电缆线芯导体连接点的电阻小而且稳定。对于新安装电缆头来说,其连接点的电阻与相同长度、相同截面的导体电阻的比值应不大于1;对于运行电缆头来说,该比值应不大于1.2。

(2)电缆线芯导体连接点应有足够的机械强度。这里机械强度主要以抗拉强度为参考指标,连接点的抗拉强度应不低于导体本身抗拉强度的 60%。

(3)耐电化学腐蚀。由于铜、铝电极电位相差较大,若连接处存在铜与铝相接触的情况,铝会产生电化学腐蚀,导致接触电阻增大。因此,当需采用铜铝连接时,应使两种金属分子产生相互渗透,现场施工可采用铜管内壁镀锡后进行锡焊的连接方法。

(4)耐振动。在某些特殊应用场景的电缆头,如船用、航空用、桥梁用电缆头,往往受到幅度较大、较为频繁的振动,故对电缆头的耐振动性要求很高,甚至超过对抗拉强度的要求。

(一) 铜芯导体的锡焊

当两根铜芯电缆需要相互连接时,或者铜芯电缆需要接户外终端头的出线铜梗时,可以采用锡焊连接。焊料采用铅锡合金,其中铅占比50%、锡占比50%;助焊剂采用松香管或焊锡管;连接管采用内外镀锡的开口紫铜管,如图3-32所示。

图 3-32 紫铜镀锡连接管

(二)导体的压接

由于实际现场施工多有不便,所以电缆线芯的连接多采用压接法而非焊接法。线芯的压接指的是使用相应的连接管、接线端子和压接模具,借助专用压接钳(包括机械钳和液压钳)的压力,将连接管或接线端子与线芯紧压在一起,形成牢固的机械连接结构,并使连接管或接线端子与线芯接触面之间产生金属表面渗透,形成可靠的导电通路。

压接方式主要分为局部压接(点压)和整体压接(围压)两种。局部压接指的是将线芯连接管或接线端子的局部压接成特殊规格的坑状(连接管压四坑,接线端子压两坑);整体压接指的是将整个连接管或接线端子各部分分次均匀挤压,挤压的坑数与局部压接的坑数相同。图3-33为局部压接和整体压接导体截面图。

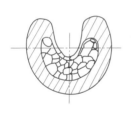

(a)局部压接　　(b)整体压接

图 3-33 局部压接和整体压接导体截面图

局部压接与整体压接各有优缺点。局部压接使得连接管或接线端子不易因蠕变产生扩张,能够保持稳定的压缩比,且所需要的压力较小,容易使局部压接处接触面间产生金属表面渗透。但局部压接使得压接处导体几何形变严重,存在局部电场过于集中的问题。而采用整体压接进行压接以后,由于压接部位比较平直,几何形状变化不大,几乎不存在局部电场集中的问题。但整体压接会导致压接管或接线端子因接管蠕变产生机械伸长,可能导致连接处达不到足够的压缩比。目前还是整体压接方式的应用比较广泛。

(三)导体连接的要求

(1)导体连接前应将预制橡胶绝缘件、尾管、冷缩管材等部件按照工艺要求的顺序预先套入电缆。

(2)铝芯电缆在导体连接前应进行防氧化处理。

(3)导体连接应采用机械压力连接,压缩连接宜采用围压压接。

(4)压接前应检查金具及模具,选用合适的接线端子、压接模具和压接机,压接前应清除导体表面污迹与毛刺,检查两端电缆是否在一直线上、接线端子与导体是否平直。

（5）将电缆导体端部圆整后插入连接管或端子圆筒内，中间连接管连接时，导体每端插入长度至截止坑；端子连接时，导体应充分插入端子圆筒内，再进行压接。压缩比宜控制在 15%~25%。

（6）压接后，电缆导体与接线端子应平直、无翘曲。对压接部位进行处理，清除金属屑末、压接痕迹。压接后压接部位表面应光滑，不应有裂纹和毛刺，所有边缘处不应有尖端。

二、绝缘处理要求

电力电缆终端头和中间接头的绝缘可靠程度，主要取决于其电缆头的设计合理程度、绝缘材料的材质和电缆头的制作工艺水平。要了解电缆头的绝缘要求，需要了解电缆头处的电场分布、改善电场分布方法以及提高电缆头绝缘强度的注意事项。

（一）电缆头处的电场分布

对于完整的电缆来说，其本身的导体、绝缘层和金属护套或外屏蔽层均为同轴结构，在电场的作用下，它们相互之间会形成一定的电容。由于完整电缆的介质都是均匀分布的，在电缆各处的电场也是均匀分布的，且电场只有径向分量没有轴向分量，而在电缆终端头和中间接头制作中，需要将金属屏蔽层、半导电层、绝缘层割断形成断面，破坏了完整电缆各层的同轴结构，导致电缆头处的电场分布较电缆本体发生较大的变化，影响电缆头的绝缘强度。

电缆终端处的电场分布如图 3-34 所示。电缆终端处电场不再是均匀的径向电场，而是有了轴向分量，在外半导电层断面处，轴向电场分量最大，或者说轴向电场应力最为集中，这是容易造成沿面击穿的。由于绝缘材料的沿面击穿强度远远低于其垂直击穿强度，轴向电场分量的出现会大大降低电缆头的击穿强度，所以需要改善电缆终端处的电场分布以提高电缆终端头的击穿强度。

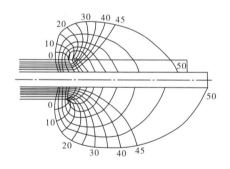

图 3-34　电缆终端处的电场分布

（二）改善电缆终端处电场分布的措施

在 35 kV 及以下电压等级的橡塑绝缘电力电缆中，改善电缆终端处的电场分布的办法主要有：制作应力锥或安装热缩应力控制管、切削反应力锥。

1. 制作应力锥或安装热缩应力控制管

对于橡塑绝缘电力电缆，在外半导电层断开处，其电场分布变化较大，可采用制作应力锥的办法改善电缆头处电场分布，即用绝缘带、半导电带及金属薄带绕包成锥体，其原理就是将半导电层人为地扩大,以均匀电场。另外,绕包应力锥费时费力,成品质量对工艺依赖性较强,目前直接安装带有应力控制材料的冷缩电缆附件或安装热缩应力控制管即可达到均匀电缆头处电场的作用,施工简便,性能可靠。应力锥结构如图 3-35 所示。

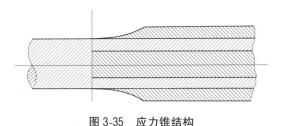

图 3-35　应力锥结构

2. 切削反应力锥

为了保证电缆头的绝缘性能,有时会在电缆头断面处增补绝缘材料,而由于增补绝缘材料和电缆主绝缘材料介电常数 ε 不同,导致在绝缘断面处电场分布会发生畸变,使得同一层绝缘上相邻点之间会产生电位差,即产生轴向场强。为了改善电缆绝缘断面处电场畸变程度,需要将电缆头导体附近电缆本体绝缘切削成"铅笔头"形状的反应力锥。其作用与应力锥相仿,也是起均匀电场作用。图 3-36(a)所示为反应力锥示意图,图 3-36(b)所示为切削出的反应力锥。

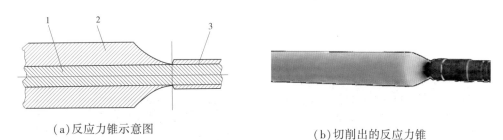

（a）反应力锥示意图　　　　　　　　　（b）切削出的反应力锥

1—线芯;2—交联聚乙烯绝缘主绝缘;3—接续管

图 3-36　反应力锥

(三)提高电缆头绝缘强度的注意事项

(1)进行电缆头安装前应测量电缆结构、电缆附件尺寸,确认上述尺寸是否符合安装工艺要求。

(2)对于半导电层可剥离的电缆,划切半导电层时应掌握划痕深度,不得伤及电缆绝缘层。对于半导电层不可剥离的电缆,应采用专用的切削刀具或玻璃去除电缆半导电层,操作过程中不应采用火烤加热。

(3)半导电层断面处应进行倒角处理,与绝缘层间应形成平滑过渡,如附件供应商另有工艺规定,应严格按照工艺指导书操作。打磨过半导电层的砂纸禁止再用来打磨电缆绝缘。处理后的半导电层断口应齐整,不应有凹槽、缺口或凸起。

(4)剥除电缆外半导电层后,应对电缆绝缘表面进行打磨抛光处理,宜采用 240 号至400 号及以上砂纸。初次打磨可使用打磨机或 240 号砂纸进行,并按照由小至大的顺序选择砂纸继续进行打磨。打磨时每一号砂纸应从两个方向打磨,直到上一号砂纸的痕迹消失。

(5)打磨抛光处理完毕后,绝缘表面应无目视可见的颗粒、划痕、杂质、凹槽或突起。

（6）绝缘处理完毕后，应采用工艺规定的清洁纸将绝缘表面清洁并晾干，若不立即安装，则应及时用清洁的塑料薄膜覆盖绝缘表面，防止灰尘和其他污染物黏附。

三、密封处理要求

在电力电缆运行过程中，水分及其他杂质有可能通过材料间的空隙侵入电缆头中，严重影响电缆头的绝缘水平，危害电缆的安全运行，所以电缆头的密封也是极为重要的。电缆头的密封方法包括封焊、环氧树脂密封、自粘性橡胶带绕包密封、热收缩或冷收缩预制件密封等。

（一）封焊

电力电缆的金属护套分为铅包和铝包。铅包的封焊方法包括涂擦法和浇焊法。涂擦法即为用汽油喷灯或丙烷枪加热封铅位，熔化封铅焊条，使用浸过硬脂酸或牛、羊油的抹布将焊料均匀涂抹在封铅部位上，加工成所需的形状与尺寸。而浇焊法则是将熔缸内熔化的焊料用铁勺浇到封铅部位，并用浸过硬脂酸或牛、羊油的抹布沿铅套筒周围来回揉搓，边浇边揉，待焊料堆积后，再用汽油喷灯或丙烷枪将堆积的焊料加热变软，并揉拭成所需的形状与尺寸。

铝包电缆与铅包电缆的封焊有不同之处。由于铅焊料不能直接搪在铝包表面，必须在铅和铝之间用焊接底料过渡，即预先在铝包表面加一层焊接底料。在铜质材料表面进行封焊原理与此类似，铜壳表面加涂焊接底料如图3-37（a）所示。常用的焊接底料以锌、锡为主要成分。锌能够与铝形成表面共晶合金，而锡能使焊接底料熔点降低、流性好。因此，铝包封焊用的焊接底料常被称为锌锡合金底料。封焊完成后的中间接头如图3-37（b）所示。

　　（a）表面加涂焊接底料　　　　　　（b）封焊后完成的中间接头

图3-37　110 kV 电缆预制中间接头的封焊

（二）环氧树脂密封

环氧树脂是一种热塑性树脂，具有优异的电气性能和机械强度，成型工艺简单，与电缆金属护套有较强的黏合能力，是一种比较好的密封材料。

铅（铝）包或接线端子黏结部分的处理既干净又粗糙。接线端子的黏结面可在压接以后进行。而铅（铝）包黏结面的处理必须在剖铅（铝）前进行。处理好的黏结面应用塑料带或白纱带绕包做临时保护。

(三)自粘性橡胶带绕包密封

自粘性橡胶带具有良好的自粘性,经过一定的时间后自粘成一个整体,从而起到密封的作用。但其机械强度低、耐光及老化性能差、易龟裂,所以不能作为表面绝缘材料来使用,必须在其外面再缠绕两层黑色聚氯乙烯带作为保护层。

自粘性橡胶带在绕包时,应拉伸100%左右半搭盖绕包。这样绕包的效果才紧箍、服帖,自粘性好,密封可靠。

(四)热收缩或冷收缩预制件密封

热收缩或冷收缩预制件用于密封具有结构简单、工艺方便、轻巧、美观、易于维护等优点。因此,在国内外已被广泛采用。热收缩预制件应选择内壁涂有热熔胶的一种,否则应在密封处绕包热熔胶,从而达到全密封的目的。当使用冷收缩预制件做密封材料时,必须事先在密封部位绕包足够的密封胶。

第六节　电缆结构识绘图

本节主要介绍各种电缆结构图的识绘图基本知识。通过要点讲解、图形示例,使学员熟悉各类不同电压等级、不同型号的常用电力电缆结构;掌握常用各类电力电缆结构图的绘制方法;能根据给定的电缆结构断面示意图指出其结构由哪些部分组成;最终能使学员达到根据现场裁截常用电缆,绘出相应电缆断面结构图,并标示出各主要部分名称。

一、概述

(一)电力电缆结构

电力电缆可以有多种分类方法,如按电压等级分类、按导体标称截面面积分类、按导体芯数分类、按绝缘材料分类、按功能特点和使用场所分类等。不论是何种种类的电力电缆,其最基本的组成有三部分,即导体、绝缘层和保护层。对于中压及以上电压等级的电力电缆,导体在输送电能时,具有高电位,因此必须有屏蔽层。这四部分在组成和结构上的差异,就形成了不同类型、不同用途的电力电缆。多芯电缆绝缘线芯之间,还需要添加填芯和填料,以利于将电缆绞制成圆形,便于生产制造和施工敷设。关于电力电缆导体芯数,有单芯、二芯、三芯、四芯和五芯共5种。其中,单芯电缆通常用于传送直流电、单相交流电和三相交流电,一般中、低压大截面的电力电缆和高压、超高压电缆多为单芯;二芯电缆多用于传送直流电或单相交流电;三芯电缆主要用于三相交流电网中,在35 kV及以下各种中小截面的电缆线路中得到最广泛的应用;四芯电缆和五芯电缆多用于低压配电线路;一般情况下,只有1 kV电压等级的电缆才有二芯、四芯和五芯。

在绘制电缆图时,常用的电力电缆基本结构主要由导体(线芯)、绝缘层和保护层三部分组成。其结构如图3-38所示。

（二）电力电缆结构图的特点

一般用纵向剖视图来表示电缆的基本结构，其概要地表示了电缆导电线芯、绝缘层与保护层之间的位置、形状、尺寸及相互关系。

（三）电力电缆结构图的基本绘制

电力电缆结构图依据《电气简图用图形符号》（GB/T 4728—2018）的一般规定，按一定的比例、以一组分层同心圆来表示电缆的截面剖视。要使用粗实线绘制，并用指引线标识和文字具体说明。35 kV 单芯交联聚乙烯电缆的结构绘制图和 110 kV 单芯交联聚乙烯电缆的结构绘制图分别如图 3-39、图 3-40 所示。

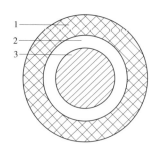

1—聚氯乙烯护套；2—交联聚乙烯绝缘层；3—导电线芯

图 3-38　单芯交联聚乙烯电力电缆的基本结构绘制图

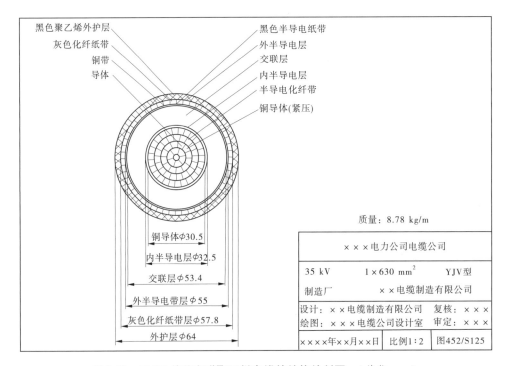

图 3-39　35 kV 单芯交联聚乙烯电缆的结构绘制图　（单位：mm）

二、常用各类电力电缆结构图的绘制方法及内容

（1）依据电力电缆实际结构进行测绘，设定一定比例，绘制出电缆纵向剖面的草图，按电气工程制图的基本规范标注尺寸。结构复杂、多层覆盖、纵向剖面图难以说明的结构，运用电缆的横向剥切图、纵向截面结构图来对应表示，并补充说明，如图 3-41 所示。

（2）设定电力电缆结构图的绘制内容。

①确定绘制比例；

②确定纵向截面结构图、横向剥切图的布局；

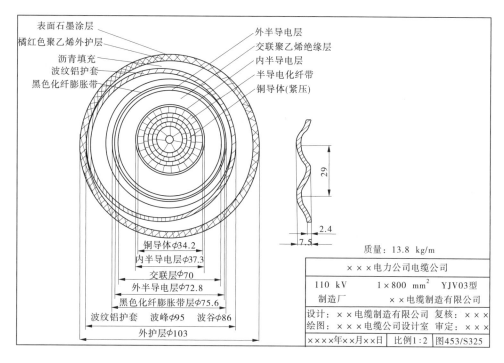

图 3-40　110 kV 单芯交联聚乙烯电缆的结构绘制图　（单位：mm）

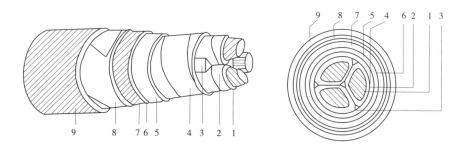

1—铝导体；2—线芯绝缘；3—填料；4—统包绝缘；5—铅护套；
6—沥青防腐层；7—沥青黄麻层；8—钢带铠装；9—沥青外麻被层

图 3-41　ZLQ21-10 kV 黏性浸渍纸绝缘统包型电力电缆的构造特征示意图

③同型同结构电缆的数据汇总表。

（3）按照电气工程制图标准 GB/T 4728—2018，以纵向截面为主体结构图来绘制。

①以多层同心圆来绘制电缆的结构分布、绝缘构造，进行分层图析和示意；

②以横向剥切图和表对应补充，使电缆结构诠释完整（也可省略）；

③以特定图标、图色、剖面线、指引线、标线来表明电缆具体各层、各部分的结构特点，并标注尺寸，使每一层次的内容用文字说明，要求简洁完整，图示正确。

（4）同型导体公称截面面积和绝缘层、屏蔽层、内外护套的厚度，中空油道、最大外径等，列写成数据表（栏）进行附注与说明，如图 3-42 所示。

（5）按图栏要求填写完整图号、电缆型号、名称、日期、设计、审定、复核的签署，图样

电力电缆基础知识及施工技术

标记、比例等。

（6）电力电缆结构图绘制的其他细则与电气工程制图方法基本一致，不再详述。

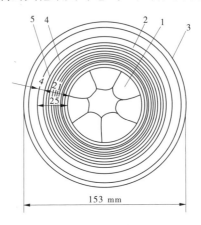

1—导体；2—皱纹铝护套；3—外护套；4—纸塑复合绝缘层；5—牛皮纸绝缘层

公称截面面积（mm²）	导体			外径（mm）	绝缘层厚度（mm）	屏蔽层厚度（mm）	皱纹铝护套厚度（mm）	外护套厚度（mm）	最大外径（mm）	概算质量（kg/km）	概算油量（L/km）
	中空油道		结构								
	内径（mm）	螺旋管厚度（mm）									
1 000	18.0	0.8	6分割紧压	44.0	34.0	0.25	2.9	6.0	145	28 300	6 310
1 200	18.0	0.8		47.4	33.0	0.25	3.0	6.0	147	30 500	6 420
1 400	18.0	0.8		50.5	33.0	0.25	3.0	6.0	150	33 000	6 670
1 600	18.0	0.8		53.5	35.0	0.25	3.1	6.0	154	35 600	6 970
1 800	18.0	0.8		56.3	35.0	0.25	5.1	6.0	157	38 200	7 210
2 000	18.0	0.8		59.1	33.0	0.5	3.2	6.0	160	40 800	7 490
2 500	18.0	0.8	7分割紧压	68.0	纸塑复合绝缘25.0	0.3	3.0	6.0	153	47 000	5 030

图3-42　CYZLW03-50 kV 单芯充油电缆结构示意图（附数据汇总表）

三、常用电力电缆结构图

（1）YJV22-1 kV 四芯电力电缆结构断面示意图见图3-43。

（2）ZLQ22-10 kV 三芯油纸绝缘电力电缆结构断面示意图见图3-44。

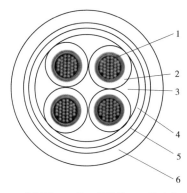

1—铜导体;2—聚乙烯绝缘;3—填充物;
4—聚氯乙烯内护套;5—钢带铠装;6—聚氯乙烯外护套

图 3-43 YJV22-1 kV 四芯电力电缆结构断面示意图

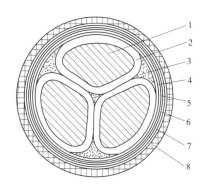

1—铝导体;2—芯绝缘;3—填料;4—带绝缘;
5—铅套;6—内衬垫;7—钢带铠装;8—外护套

图 3-44 ZLQ22-10 kV 三芯油纸绝缘电力电缆结构断面示意图

（3）CYZQ102-220 kV 单芯充油电缆结构示意图见图 3-45。

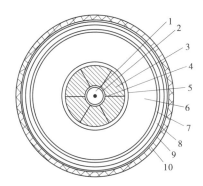

1—油道;2—螺旋管;3—导体;4—分隔纸带;5—内屏蔽层;
6—绝缘层;7—外屏蔽层;8—铅护套;9—加强带;10—外护套

图 3-45 CYZQ102-220 kV 单芯充油电缆结构示意图

（4）XLPE-500 kV $1 \times 2\,500\ mm^2$ 交联电缆结构示意图见图 3-46。

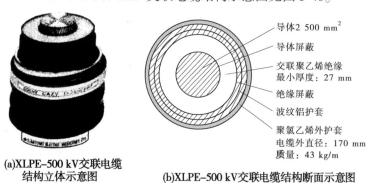

导体2 500 mm²
导体屏蔽
交联聚乙烯绝缘
最小厚度:27 mm
绝缘屏蔽
波纹铝护套
聚氯乙烯外护套
电缆外直径:170 mm
质量:43 kg/m

(a)XLPE-500 kV交联电缆结构立体示意图

(b)XLPE-500 kV交联电缆结构断面示意图

图 3-46 XLPE-500 kV1×2 500 mm² 交联电缆结构示意图

第四章

电力电缆终端头和中间接头的制作与安装

第一节　一般工艺要求及施工步骤

本节主要介绍配电电缆终端头和中间接头制作与安装的一般工艺要求与施工步骤，使学员对整个配电电缆终端头和中间接头制作与安装要求和过程有初步的认识，为之后详细讲解各电压等级、各类型的配电电缆终端头和中间接头详细制作与安装工艺打下基础。电缆中间接头和终端头制作、安装工艺类似，中间接头可看作两个终端头相连接，但中间接头导体连接前应将预制橡胶绝缘件、直管、冷缩管材等部件按照工艺要求顺序预先套入电缆。因此，本节以电缆终端头为例进行终端头和中间接头的制作与安装中一般工艺要求及施工步骤的说明。

一、35 kV 及以下交联聚乙烯电力电缆热缩终端头制作的一般步骤

35 kV 及以下交联聚乙烯电力电缆热缩终端头制作的一般步骤见表 4-1。

表 4-1　35 kV 及以下交联聚乙烯电力电缆热缩终端头制作的一般步骤

序号	作业内容	作业标准	注意事项
1	工作前准备	1. 穿工作服、绝缘鞋；戴安全帽、线手套。 2. 选取工具、材料并应在使用前进行检查，确保合格可用。 3. 工作开始前应核对查看说明书。 4. 工作开始前应检查现场作业环境符合要求	工作前材料及工具应一次性选取完毕，并放置整齐
2	电缆护层剥切		
2.1	电缆矫直	1. 将电缆固定牢固。 2. 清洁电缆表面。 3. 矫直电缆	
2.2	剥除电缆外护套	1. 根据说明书尺寸要求，剥切相应长度的外护套。 2. 自外护套断口处始，应向下打磨外护套表面，防止潮气进入电缆内部降低电缆绝缘值	1. 外护套切口应平齐。偏差应尽量小、无毛刺。 2. 向下打磨外护套表面不小于 100 mm

续表 4-1

序号	作业内容	作业标准	注意事项
2.3	剥切钢铠及打磨清洁	1. 按说明书要求应从外护套端口向上留取钢铠,用恒力弹簧顺绕向固定,其余剥除。 2. 保留部分的钢铠表面及断口应进行打磨,去除表面氧化层及绝缘物质,确保连接可靠	钢铠锯除完毕后,钢铠边缘应平齐,不得有尖角、飞边;锯钢铠时,不得伤及内护套
2.4	剥除内护套及填充料	1. 按说明书尺寸要求剥除内护套,切口应平齐。 2. 剥除填充物	1. 剥除填充物时应注意不得伤及铜屏蔽层及外半导电层。 2. 填充物剥除时断口处应平齐,不应超出内护套层
3	焊接接地线及三叉口绕包		
3.1	铠装焊镀	1. 在双层铠装上涂抹焊锡膏。 2. 在双层铠装上镀锡	
3.2	地线与铜带、铠装连接	1. 将地线与铜带进行焊接。 2. 将地线与铠装进行焊接	1. 焊接处应光滑、平整、牢固、无毛刺。 2. 铜带地线与铠装地线之间应绝缘,且间距不小于 20 mm
3.3	防潮处理	1. 自电缆外护套断口下 30 mm 处包绕一层密封胶,然后将两条接地线拉直紧贴在密封胶上。 2. 在距外护套 150 mm 处用 PVC 胶带缠绕两层,将两接地线固定	应在原缠绕密封胶外层再包绕一层密封胶,将接地线夹在其中,形成防水口,提高密封防水性能
3.4	电缆三叉口填充及绕包	按照说明书使用电缆终端头配件所提供材料(填充胶或绝缘粘胶带)逐项进行电缆内、外护套断口处及三相分叉部位空间填充绕包	1. 绕包体表面应连续、光滑,绕包后外径必须小于分支手套内径。 2. 三相分叉部位空间填充绕包后,在后续安装完成分支手套时不得有空隙存在

续表 4-1

序号	作业内容	作业标准	注意事项
4	安装热缩分支手套	1. 在三相电缆线芯根部铜屏蔽层上通体缠绕一层 300 mm 宽 PVC 胶带，防止铜屏蔽层翘边割伤热缩管。 2. 将指套往电缆三叉根部推放到位，进行热收缩	1. 进行热收缩时先加热收缩体端，从三叉根部开始收缩，收缩时适当把体端往下推，然后分别加热收缩指端。 2. 收缩后检查三指管根部，不得有空隙存在
5	剥除铜屏蔽层、外半导电层及主绝缘层		
5.1	剥除铜屏蔽层	1. 根据说明书尺寸开断电缆。 2. 按照说明书尺寸剥除铜屏蔽层。 3. 根据说明书尺寸要求，在断口处向下 10 mm 处应做相色标记	1. 铜屏蔽断口三相应平齐。 2. 各相铜屏蔽层断口处应平整、光滑、无尖角、无飞边。 3. 剥除铜屏蔽层时，不应伤及外半导电层。 4. 铜屏蔽层不应松散、褶皱。 5. 铜屏蔽层外层应打磨，去除氧化层
5.2	剥除外半导电层	1. 按照说明书尺寸剥除外半导电层，根据剥除顺序进行环剥和纵剥。 2. 对断口进行倒角打磨，使其平滑过渡	1. 外半导电层断口处三相应平齐圆整。 2. 剥切外半导电层时，不能划伤绝缘层
5.3	剥除线芯绝缘层并打磨清洁	1. 按照现场提供的说明书尺寸剥除线芯绝缘层。 2. 用 PVC 胶带粘面朝外绕包线芯表面。 3. 将线芯绝缘层断口处切出坡口	1. 绝缘层断口处三相应平齐圆滑、无棱角，并打磨平整光滑。 2. 剥除线芯绝缘层时不能划伤线芯，线芯端部应打磨，不应有尖端毛刺
6	铜屏蔽层、外半导电层断口及主绝缘表面处理		

续表 4-1

序号	作业内容	作业标准	注意事项
6.1	主绝缘表面打磨	1. 用砂纸打磨绝缘层,将半导电层残留打磨干净且打磨平整光滑。 2. 打磨完毕后应抛光,再用清洁纸对表面进行清洁	1. 使用砂纸应按型号从大(粗)到小(细)顺序打磨。 2. 清洁纸清洁方向应从绝缘层向半导电层清洁,不能来回清洁
6.2	外半导电层断口处理	1. 根据不同热缩终端产品,按各产品安装说明书进行外半导电层断口处理,进行切削、打磨。 2. 在绝缘屏蔽断口处绕包半导电带	1. 外半导电层切削打磨时,注意不得损伤绝缘层。 2. 打磨后,外半导电层断口处应平齐,与绝缘层圆滑过渡。 3. 绕包半导电带时应去掉隔离膜,拉伸 200% 左右按说明书尺寸从铜屏蔽层半搭接至主绝缘层上,并用同样方法返回起始处
7	安装热缩终端		
7.1	标记安装定位线及绝缘表面清洗	1. 核对线芯相序,用相色胶带在说明书给定尺寸处做安装基准线标示。 2. 用清洁纸从绝缘层断口往下清洁电缆绝缘表面。 3. 将硅脂均匀涂抹在电缆绝缘表面	1. 清洁绝缘表面时不可来回进行清洁。 2. 硅脂不能涂在半导电层上
7.2	应力控制管与热缩护套管	1. 根据说明书要求,将应力控制管套在适当的位置。 2. 在应力控制管端部齐平定位基准线后,加热收缩应力控制管。 3. 用清洁纸清洁应力控制管端部与搭接处。 4. 加热收缩热缩护套管,在端部绕包 4 层 PVC 胶带加强密封	在终端收缩过程中,应再次核对端部是否与基准线齐平,并及时调整
8	压接接线端子及端子密封		

续表 4-1

序号	作业内容	作业标准	注意事项
8.1	压接接线端子	1. 用清洁纸清洁线芯绝缘处硅脂,在绝缘层上用 PVC 胶带粘面朝外包扎,防止金属粉末进入终端。 2. 去掉线芯端部的 PVC 胶带,用砂纸打磨去除线芯表面氧化层。 3. 压接接线端子	1. 接线端子压接时,将端子调至方向一致。 2. 压接前应对接线端子画印。 3. 打磨接线端子上的压痕及尖角,使其光滑并清洗干净
8.2	安装密封管	1. 用密封胶填平端子与绝缘层之间的缝隙,在端子上与绝缘层之间包绕 2 层密封胶,并且与电缆绝缘层搭接 10 mm。 2. 用绝缘自粘带在密封胶外通体绕包,绕包至约与主绝缘同径。 3. 套入密封管搭接热缩终端并使其覆盖压接部分接线端子,并加热压缩	
9	清理现场	1. 工器具应放回原处。 2. 废料清理后放到废料区	

二、35 kV 及以下交联聚乙烯电力电缆冷缩终端头制作的一般步骤

35 kV 及以下交联聚乙烯电力电缆冷缩终端头制作的一般步骤见表 4-2。

表 4-2　35 kV 及以下交联聚乙烯电力电缆冷缩终端头制作的一般步骤

序号	作业内容	作业标准	注意事项
1	工作前准备	1. 穿工作服、绝缘鞋;戴安全帽、线手套。 2. 选取工具、材料并应在使用前进行检查,确保合格可用。 3. 工作开始前应核对查看说明书。 4. 工作开始前应检查现场作业环境符合要求	工作前材料及工具应一次性选取完毕,并放置整齐
2	电缆护层剥切		

续表 4-2

序号	作业内容	作业标准	注意事项
2.1	电缆矫直	1.将电缆固定牢固。 2.清洁电缆表面。 3.矫直电缆	
2.2	剥除电缆外护套	1.根据说明书尺寸要求,剥切相应长度的外护套。 2.自外护套断口处始,应向下打磨外护套表面,防止潮气进入电缆内部降低电缆绝缘值	1.外护套切口应平齐。偏差应尽量小、无毛刺。 2.向下打磨外护套表面不小于100 mm
2.3	剥切钢铠及打磨清洁	1.按说明书要求应从外护套端口向上留取钢铠,用恒力弹簧顺绕向固定,其余剥除。 2.保留部分的钢铠表面及断口应进行打磨,去除表面氧化层及绝缘物质,确保连接可靠	钢铠锯除完毕后,钢铠边缘应平齐,不得有尖角、飞边;锯钢铠时,不得伤及内护套
2.4	剥除内护套及填充料	1.按说明书尺寸要求剥除内护套,切口应平齐。 2.剥除填充物	1.剥除填充物时应注意不得伤及铜屏蔽层及外半导电层。 2.填充物剥除时断口处应平齐,不应超出内护套层
3	安装接地线及三叉口绕包		
3.1	安装钢铠接地	1.将铠装接地编织带端部展平,将编织带端部向下与铠装层接触良好,用大恒力弹簧在钢铠上固定一圈,再将编织带翻下,并用剩余的恒力弹簧固定牢固,以确保接地线的端头不会形成尖端局部放电。 2.在恒力弹簧上缠绕两层PVC胶带固定恒力弹簧。 3.用绝缘自粘带从外护套断口处包绕至内护层上,将钢带、恒力弹簧及内衬层包覆住,包绕两层	绕包层表面应连续、光滑

续表 4-2

序号	作业内容	作业标准	注意事项
3.2	安装铜屏蔽接地	1. 用砂带打磨铜屏蔽层上的氧化层,并清洁干净。 2. 将另一根接地线头塞入电缆三芯中间,用三角锥塞入固定。 3. 将地线在电缆三相线芯根部的铜屏蔽层上缠绕一圈并向下引出,然后用恒力弹簧在接地编织线外环绕固定住。 4. 在恒力弹簧上缠绕两层 PVC 胶带固定恒力弹簧	铜带地线的位置与铠装地线相背,且相互之间应绝缘,间距不小于 20 mm
3.3	防潮处理	1. 自电缆外护套断口下 30 mm 处包绕一层密封胶,然后将两条接地线拉直紧贴在密封胶上。 2. 在距外护套 150 mm 处用 PVC 胶带缠绕两层,将两接地线固定	应在原缠绕密封胶外层再包绕一层密封胶,将接地线夹在其中,形成防水口,提高密封防水性能
3.4	电缆三叉口填充及绕包	按照说明书使用电缆终端头配件所提供材料(填充胶或绝缘胶粘带)逐项进行电缆内、外护套断口处及三相分叉部位空间填充绕包	1. 绕包体表面应连续、光滑,绕包后外径必须小于分支手套内径。 2. 三相分叉部位空间填充绕包后,在后续安装完成分支手套时不得有空隙存在
4	安装分支手套和冷缩直管	1. 在三相电缆线芯根部铜屏蔽层上通体缠绕一层 300 mm 宽 PVC 胶带,防止铜屏蔽层翘边割伤冷缩管。 2. 将指套往电缆三叉根部推放到位,进行冷收缩	1. 将冷缩分支手套套入电缆前应事先检查三指管内塑料衬管条内口预留是否过多,有多余时应先拉掉伸入指端的多余部分。 2. 进行冷收缩时,收缩体端从三叉根部开始收缩,收缩时适当把体端往下推,然后分别收缩指端。 3. 收缩后检查三指管根部,不得有空隙存在

续表 4-2

序号	作业内容	作业标准	注意事项
5	剥除铜屏蔽层、外半导电层及主绝缘层		
5.1	剥除铜屏蔽层	1. 根据说明书尺寸开断电缆。 2. 按照说明书尺寸剥除铜屏蔽层。 3. 根据说明书尺寸要求,在断口处向下 10 mm 处应做相色标记	1. 铜屏蔽断口三相应平齐。 2. 各相铜屏蔽层断口处应平整、光滑、无尖角、无飞边。 3. 剥除铜屏蔽层时,不应伤及外半导电层。 4. 铜屏蔽层不应松散、褶皱。 5. 铜屏蔽层外层应打磨,去除氧化层
5.2	剥除外半导电层	1. 按照说明书尺寸剥除外半导电层,根据剥除顺序进行环剥和纵剥。 2. 对断口进行倒角打磨,使其平滑过渡	1. 外半导电层断口处三相应平齐圆整。 2. 剥切外半导电层时,不能划伤绝缘层
5.3	剥除线芯绝缘层并打磨清洁	1. 按照现场提供的说明书尺寸剥除线芯绝缘层。 2. 用 PVC 胶带粘面朝外绕包线芯表面。 3. 将线芯绝缘层断口处切出坡口	1. 绝缘层断口处三相应平齐圆滑、无棱角,并打磨平整光滑。 2. 剥除线芯绝缘层时不能划伤线芯,线芯端部应打磨,不应有尖端毛刺
6	铜屏蔽层、外半导电层断口及主绝缘表面处理		
6.1	主绝缘表面打磨	1. 用砂纸打磨绝缘层,将半导电层残留打磨干净且打磨平整光滑。 2. 打磨完毕后应抛光,再用清洁纸对表面进行清洁	1. 使用砂纸应按型号从大(粗)到小(细)顺序打磨。 2. 清洁纸清洁方向应从绝缘层向半导电层清洁,不能来回清洁

续表 4-2

序号	作业内容	作业标准	注意事项
6.2	外半导电层断口处理	1. 根据不同热缩终端产品,按各产品安装说明书进行外半导电层断口处理,进行切削、打磨。 2. 在绝缘屏蔽断口处绕包半导电带	1. 外半导电层切削打磨时,注意不得损伤绝缘层。 2. 打磨后,外半导电层断口处应平齐,与绝缘层圆滑过渡。 3. 绕包半导电带时应去掉隔离膜,拉伸200%左右按说明书尺寸从铜屏蔽层半搭接至主绝缘层上,并用同样方法返回起始处
7	安装冷缩终端		
7.1	标记安装定位线及绝缘表面清洗	1. 核对线芯相序,用相色胶带在说明书给定尺寸处做安装基准线标示。 2. 用清洁纸从绝缘层断口往下清洁电缆绝缘表面。 3. 将硅脂均匀涂抹在电缆绝缘表面	1. 清洁绝缘表面时不可来回进行清洁。 2. 硅脂不能涂在半导电层上
7.2	应力控制管与冷缩护套管	1. 正确套入冷缩终端头。 2. 在冷缩端部齐平定位基准线后,匀速拉出支撑条使其收缩。 3. 用清洁纸清洁冷缩终端端部与搭界处。 4. 冷缩护套管,在端部绕包4层PVC胶带加强密封	在终端收缩过程中应再次核对端部是否与基准线齐平,并及时调整
8	压接接线端子及端子密封		
8.1	压接接线端子	1. 用清洁纸清洁线芯绝缘处硅脂,在绝缘层上用PVC胶带粘面朝外包扎,防止金属粉末进入终端。 2. 去掉线芯端部的PVC带,用砂带打磨除去线芯表面氧化层。 3. 压接接线端子	1. 接线端子压接时,将端子调至方向一致。 2. 压接前应对接线端子画印。 3. 打磨接线端子上的压痕及尖角,使其光滑并清洗干净

续表 4-2

序号	作业内容	作业标准	注意事项
8.2	安装密封管	1. 用密封胶填平端子与绝缘层之间的缝隙,在端子上与绝缘层之间包绕两层密封胶,并且与电缆绝缘层搭接10 mm。 2. 用绝缘自粘带在密封胶外通体绕包,绕包至约与主绝缘同径。 3. 套入密封管搭接冷缩终端并使其覆盖压接部分接线端子	
9	清理现场	1. 工器具应放回原处。 2. 废料清理后放到废料区	

第二节　电缆附件制作与安装

本节主要介绍配电电缆终端头和中间接头制作与安装的详细步骤及具体工艺。

一、基本功练习:电缆剥切

本小节主要介绍在制作 35 kV 及以下交联聚乙烯绝缘电缆中间接头或终端头过程中对电缆外护套、铠装、内护套及填充料、金属屏蔽层、外半导电层、绝缘及内半导电层进行剥切的操作要领。本小节中所述尺寸仅作为参考,具体尺寸要求和工艺要求以附件厂商提供的电缆头制作说明书为准。

（一）剥除外护套

剥除外护套在清洁电缆表面之后进行。剥除外护套应分两次进行,以避免电缆铠装层铠装松散。先将电缆末端外护套保留 100 mm。然后按规定尺寸剥除外护套,要求断口平齐。外护套断口以下 100 mm 部分用砂纸打磨并清洗干净,以保证分支手套定位后,密封性能可靠,防止潮气进入电缆内部降低电缆绝缘值。由外护套末端量取 25 mm 铠装并绑扎。剥除外护套后电缆头示意图如图 4-1(a)所示。

（二）剥除铠装

剥除铠装在剥除外护套之后进行。按规定尺寸在铠装上绑扎铜线,绑线的缠绕方向应与铠装的缠绕方向一致,使铠装越绑越紧不致松散。绑线用 2.0 mm 的铜线,每道 3~4 匝。锯除铠装时,其圆周锯痕深度应均匀,不得锯透,不得损伤内护套。剥除铠装时,应首先沿锯痕将铠装卷断,铠装断开后顺势向电缆端头剥除。需要注意的是,留下的铠装需使用粗砂纸或锉刀打磨其表面,以去除其表面氧化层。剥除铠装后电缆头示意图如

图 4-1(b)所示。

(三)剥除内护套及填充料

剥除内护套及填充料在剥除铠装之后进行。在应剥除内护套处用刀子横向切一环形痕,深度不超过内护套厚度的一半。纵向剥除内护套时,注意不切伤金属屏蔽层。剥除内护套时应将金属屏蔽带末端用聚氯乙烯粘带(PVC 带)扎牢,防止金属屏蔽带松散。如果在剥除内护套及填充料时铜屏蔽有皱褶,应用 PVC 带缠绕褶皱处。除填料时刀口应向外,防止损伤金属屏蔽层。剥除内护套及填充料时应注意在铠装断口处保留 10 mm 内护套及填充料。剥除内护套及填充料后电缆头示意图如图 4-1(c)所示。

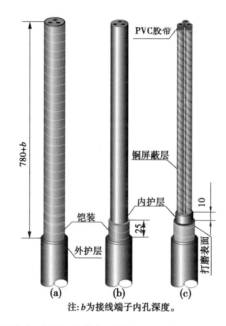

注:b为接线端子内孔深度。

图 4-1　剥除外护套、铠装、内护套及填充料后电缆示意图　(单位:mm)

(四)剥除金属屏蔽层

对于热缩式附件制作,剥除金属屏蔽层在安装分支手套之后进行;对于冷缩式及预制式附件制作,剥除金属屏蔽层在安装护套管之后进行。金属屏蔽层剥切时,应用 1.0 mm 镀锡铜线绑扎紧。切割时,只能环切一刀,不能切透,大致切至金属屏蔽层 2/3 深度,以免损伤外半导电层。剥除时,应在刀痕处撕剥,撕剥时应找好方便连续撕剥的起始位置,并逐渐向线芯端部剥除。

(五)剥除外半导电层

剥除外半导电层在剥除金属屏蔽层之后进行。剥除外半导电层之前,应按说明书要求尺寸保留好外半导电层后,再将剩余外半导电层剥除。先在指定位置将外半导电层环切一刀,再竖切半导电层。切半导电层时应注意切口不宜过深,大致切至外半导电层 2/3 深度,再由刀痕处撕剥,避免损伤绝缘层。自线芯端部沿刀痕起始撕剥半导电层时,应用钢丝钳夹住半导电层剥离处,并用拇指助推钢丝钳口以进一步剥离半导电层,勿过度撕扯半导电层导致其断裂。外半导电层剥除完成后,绝缘表面必须用细砂纸打磨,去除嵌入在绝缘表面的半导电颗粒。在半导电层端部应进行切削打磨。外半导电层端部切削打磨斜坡时,注意不损伤绝缘层。打磨后,外半导电层端口应平齐,坡面应平整光洁,与绝缘层圆滑过渡。剥除金属屏蔽层及外半导电层后电缆头示意图如图4-2(a)所示。

(六)剥除绝缘层及内半导电层

绝缘层及内半导电层通常一起剥除,在剥切外半导电层之后进行。剥除绝缘层的尺寸参照电缆附件配套说明书。剥除绝缘层应使用专门的电缆绝缘剥切器,不得损伤线芯导体。剥除绝缘层时,应顺着导线绞合方向进行,不得使导体松散。在剥除绝缘层的同时,内半导电层也应剥除干净,不得留有残迹。完成绝缘层及内半导电层剥除后,对绝缘层端部进行倒角处理,倒角角度为45°,倒角后应打磨,使其平滑过渡。倒角处理前,用PVC胶带粘面朝外将电缆三相线芯端头包扎好,以防倒角时伤到导体。完成剥除及倒角后应对绝缘层进行清洁。清洁时,必须用清洁纸,从绝缘端部向外半导电层端部方向一次性清洁绝缘层和外半导电层,以免把半导电粉末带到绝缘上。最后仔细检查绝缘层,如有半导电粉末、颗粒或较深的凹槽等必须用细砂纸打磨干净,再用新的清洁纸擦净。剥除绝缘层及内半导电层后电缆头示意图如图4-2(b)所示。

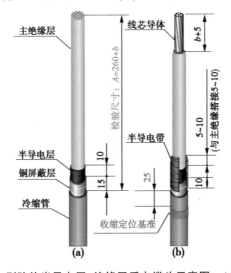

图4-2 剥除外半导电层、绝缘层后电缆头示意图 (单位:mm)

二、基本功练习:带材绕包

本小节主要介绍在制作35 kV及以下交联聚乙烯绝缘电缆中间接头或终端头过程中绕包绝缘自粘带、绕包密封胶带、绕包填充胶带、绕包半导电带、绕包PVC胶带、绕包应力控制胶带的操作要领。本小节中所述尺寸及绕包方法仅作为参考,具体尺寸要求和工艺要求以附件厂商提供的电缆头制作说明书为准。

(一)绕包绝缘自粘带

绕包绝缘自粘带首先在安装好铠装接地线后进行,铠装接地线和金属屏蔽接地线需要错开一定距离并且相互绝缘,故需要在两条接地线之间绕包绝缘自粘带。其次绕包绝缘自粘带还应在安装好金属屏蔽接地线之后进行,将绝缘自粘带绕包在金属屏蔽之外。

随后,在绕包完防水密封胶之后同样需要在三叉头处充分绕包绝缘自粘带(绕包后三叉头形状可为"苹果"形,具体以说明书要求为准)。最后完成导体连接后,在金属连接和电缆绝缘之间的凹槽处,即线芯裸露出的部分同样需要绕包绝缘自粘带并搭接 10 mm 到绝缘上。

J10 带用于 1 kV 及以下电缆绝缘绕包及密封防水,它的正常运行温度不超过 75 ℃;J20 带用于 3~10 kV 橡塑绝缘电缆中间接头及终端头绝缘绕包,它是丁基自粘性橡胶带;J30 带用于 35 kV 交联聚乙烯绝缘电缆中间接头及终端头绝缘绕包,它是乙丙自粘性橡胶带;J50 乙丙自粘性橡胶带,可作为 110 kV 交联聚乙烯电缆接头的增绕绝缘包带。使用绝缘自粘带时,一边绕包一边顺势撕扯其隔离膜,并拉伸 200% 后再进行绕包。在非凹坑处进行绕包时,绕包方式为半搭接方式,即新绕包的一圈绝缘自粘带一半宽度绕包在上一圈绕包的绝缘自粘带上,另一半宽度绕包在电缆绝缘上。完成绕包后,绕包体表面应连续、光滑。安装铠装接地后绕包绝缘自粘带如图 4-3(a)所示;安装金属屏蔽接地后绕包绝缘自粘带如图 4-3(b)所示;电缆三叉头绕包绝缘自粘带如图 4-3(c)所示;终端安装接线端子后绕包绝缘自粘带如图 4-3(d)所示。

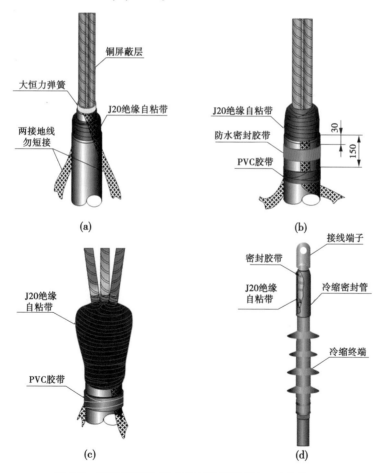

图 4-3　绝缘自粘带、防水密封胶带的绕包　(单位:mm)

（二）绕包密封胶带

防水密封胶带需要在分支手套端口部位绕包。在收缩分支手套之前应在分支手套端口部位绕包几层绝缘密封胶,防止水分侵入。绕包防水密封胶带后如图4-3(b)所示。

（三）绕包填充胶带

防水密封胶带需要在电缆三叉头处绕包。在三叉头部位绕包防水密封胶带时,密封胶带应严实紧密,三叉头部位空间应填实,绕包体表面应平整,绕包后外径必须小于分支手套内径。

（四）绕包半导电带

绕包半导电带在剥除电缆外半导电层、打磨半导电层断口并清洁电缆绝缘层后进行。同样地,绕包半导电带时应去掉隔离膜,半导电带绕包时必须拉伸200%,绕包成圆柱形台阶,其上平面应和线芯垂直,圆周应平整,不得绕包成圆锥形或鼓形。具体绕包尺寸与层数以附件说明书为准。绕包起始与收尾时,半导电断口扎紧,防止收缩冷缩终端时被支撑条带出。绕包半导电带后如图4-2(b)所示。

（五）绕包PVC胶带

在电缆头的制作中,多个步骤都要绕包PVC胶带,如剥除电缆内护套后需要在电缆端口缠绕PVC胶带防止金属屏蔽层松散,电缆三叉处自粘带绕包完成后需要在表面绕包PVC胶带等。在这多个步骤中PVC胶带主要起到固定、保护及一定的绝缘作用。在绕包PVC胶带时应注意不同相PVC胶带颜色的区分,绕包表面应平整。在绝缘层上绕包PVC胶带时应该将PVC胶带粘面朝外绕包,防止PVC胶带上黏性胶脏污绝缘表面。

（六）绕包应力控制胶带

绕包应力控制带通常在单独需要增补应力控制结构时进行。绕包应力控制胶带在剥除电缆外半导电层之后进行,将应力控制胶带绕包在外半导电层断口周围,以起到均匀周围畸变电场的作用。缠绕应力控制胶带时应注意,必须将应力控制胶带拉薄拉窄,将外半导电层与绝缘之间台阶绕包填平,再搭盖外半导电层和绝缘层,绕包的应力控制胶带应均匀圆整,端口平齐。

第三节　1 kV电缆终端头和中间接头制作

一、1 kV冷缩式电缆终端头制作与安装

（一）引用的资料

(1)《额定电压1 kV(U_m = 1.2 kV)到35 kV(U_m = 40.5 kV)挤包绝缘电力电缆及附件》(GB/T 12706.1~4—2020)。

(2)《电气装置安装工程电缆线路施工及验收标准》(GB 50168—2018)。

(二)天气及作业现场要求

(1)在工作中遇雷、雨、雪、5 级以上大风或其他任何情况威胁到作业人员的安全时,工作负责人或专职监护人可根据情况,临时停止工作。

(2)试验应保证足够的安全作业空间,满足相关试验操作及设备安全要求,主绝缘停电试验中每一相试验前后应对被试电缆进行充分放电。

(3)在制作电缆附件时,应防止灰尘、杂物落入绝缘内,不应在有雷、雨、雾、雪环境下作业。

(4)电缆附件的形式、规格应与电缆类型(如电压、芯数、截面、护层结构和操作环境)一致。

(5)作业人员应精神状态良好,熟悉工作中保证安全的组织措施和技术措施;严禁酒后作业和作业中玩笑嬉闹。

(三)准备工作

1.危险点及其预控措施

1)危险点——触电伤害

预控措施:在制作附件过程中操作人员在使用用电设备时应充分阅读设备的使用说明书,严禁违规使用用电设备,严禁私接乱搭电源,若遇到人员触电的情况,应立即断开电源并进行触电急救。

2)危险点——精神和身体状况差

预控措施:工作人员要严格遵守作息及考核时间安排,休息时间严禁酗酒和赌博,应保证足够的休息和睡眠时间。

3)危险点——碰伤划伤

预控措施:工作人员在现场制作电缆附件时,应注意工作区域附近障碍物;操作过程中应注意不要磕碰周围障碍物;使用电缆附件工器具时,应注意勿将锋利刀刃对向自己和他人。

2.工器具及材料准备

1 kV 冷缩式电缆终端头制作与安装所需要的工器具及材料如表 4-3 所示。

表 4-3　1 kV 冷缩式电缆终端头制作与安装所需要的工器具及材料

序号	名称	单位	数量
1	冷缩套管	个	1
2	冷缩绝缘管	套	1
3	填充胶	片	5
4	相色条	套	1
5	PVC 胶带	卷	1
6	说明书	份	1
7	美工刀	把	1
8	手工锯	把	1

续表 4-3

序号	名称	单位	数量
9	劳保手套	双	2
10	钢丝钳	把	1
11	锉刀	个	1
12	压接钳	把	1

3. 作业人员分工

1 kV 冷缩式电缆终端头制作与安装共需要操作人员 2 名（主操作手 1 名、辅工 1 名），作业人员分工如表 4-4 所示。

表 4-4　1 kV 冷缩式电缆终端头制作与安装人员分工

序号	工作岗位	数量（人）	工作职责
1	主操作手	1	负责本次工作任务的电缆剥切、电缆附件安装等主要操作
2	辅工	1	负责辅助电缆矫直、带材绕包等次要重复性工作

（四）工作流程及操作示例

1. 工作流程

1 kV 冷缩式电缆终端头制作与安装工作流程如表 4-5 所示。

表 4-5　1 kV 冷缩式电缆终端头制作与安装工作流程

序号	作业内容	作业标准	安全注意事项
1	着装	（1）着工作制服。 （2）穿戴安全帽、绝缘鞋和手套。 （3）穿戴整洁、规范，正确无误	现场作业人员正确戴安全帽，穿工作服、工作鞋，戴劳保手套
2	工作准备	（1）选择操作所需工具及材料。 （2）摆放整齐	逐一清点工器具、材料的数量及型号
3	校验、剥切电缆护套、钢铠	（1）校验电缆的线路名称、型号是否与工作任务一致。 （2）将端头锯齐。 （3）剥切电缆外护套（A = 450 mm + 端子孔深）。 （4）钢铠留取 30 mm，其余剥除。 （5）将电缆外护套口下 80 mm 处清洁干净	（1）使用手工锯剥切电缆外护套时只锯除护套厚度的 3/4，然后通过钳子剥除。 （2）使用美工刀时注意不要划伤手

续表 4-5

序号	作业内容	作业标准	安全注意事项
4	开剥内垫层，固定地线	（1）在电缆钢铠断口处保留 10 mm 内垫层。 （2）使用锉刀和砂纸去除钢铠表面油漆。 （3）用恒力弹簧把地线固定在钢铠上，留 20 mm 的端部，待恒力弹簧固定一周后再把端部反折回来	
5	安装指套	（1）从外护套断口往下 30 mm 至整个恒力弹簧、钢铠及内垫层用填充胶绕包成苹果状，并在表面缠绕 PVC 胶带。 （2）套入冷缩指套前可将指套指部多余的支撑条适当拉平。 （3）套入冷缩指套，应尽量向下推，并逆时针向上抽去指管支撑条收缩，再向下抽去尾管支撑条收缩	
6	安装冷缩绝缘套管	套入冷缩绝缘套管，冷缩绝缘套管与指套端搭接 20~30 mm，逆时针抽去支撑条收缩	
7	剥切绝缘	（1）根据现场安装需要，确定各相长度。 （2）去除多余的电缆，按 $L=$ 端子孔深+5 mm 切除多余的冷缩管和电缆绝缘	切除多余冷缩管时，请先用胶布固定后环切，严禁轴向切割
8	安装端子及密封	（1）压接线端子，并去除棱角和毛刺。 （2）在电缆过渡处和端子压接处根据相色绕包密封相位带	
9	工具和现场清理	（1）清理工具。 （2）清理现场	清理现场遗留杂物，收拾工器具

2. 操作示例图

（1）电缆外护套和钢铠的剥切见图 4-4。

（2）电缆内垫层剥切尺寸见图 4-5。

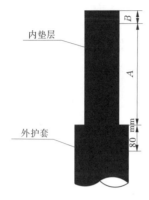

A—剥切尺寸；B—端子孔深+5 mm

图 4-4　电缆外护套和钢铠的剥切

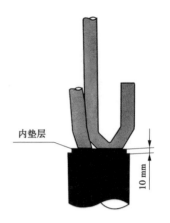

图 4-5　电缆内垫层剥切尺寸

（3）绝缘自粘带绕包示意图见图 4-6。

（4）相位带安装示意图见图 4-7。

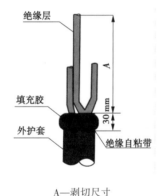

A—剥切尺寸

图 4-6　绝缘自粘带绕包示意图

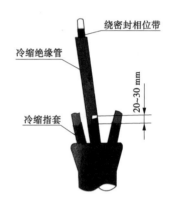

图 4-7　相位带安装示意图

（五）相关知识

制作电缆终端头和接头前，应熟悉安装工艺资料，做好检查，并符合下列要求：

（1）电缆绝缘状况良好，无受潮；电缆内不得进水。

（2）附件规格应与电缆一致；零部件应齐全、无损伤；绝缘材料不得受潮；密封材料不得失效。

（3）施工用机具齐全，便于操作，状况清洁，消耗材料齐备，清洁塑料绝缘表面的溶剂宜遵循工艺导则准备。

（4）必要时应进行试装配。

二、1 kV 冷缩式电缆中间接头制作与安装

（一）引用的资料

（1）《额定电压 1 kV（U_m=1.2 kV）到 35 kV（U_m=40.5 kV）挤包绝缘电力电缆及附

件》(GB/T 12706.1~4—2020)。

(2)《电气装置安装工程 电缆线路施工及验收标准》(GB 50168—2018)。

(二)天气及作业现场要求

(1)在工作中遇雷、雨、雪、5级以上大风或其他任何情况威胁到作业人员的安全时,工作负责人或专职监护人可根据情况,临时停止工作。

(2)试验应保证足够的安全作业空间,满足相关试验操作及设备安全要求,主绝缘停电试验中每一相试验前后应对被试电缆进行充分放电。

(3)在制作电缆附件时,应防止灰尘、杂物落入绝缘内,不应在有雷、雨、雾、雪环境下作业。

(4)电缆附件的形式、规格应与电缆类型(如电压、芯数、截面、护层结构和操作环境)一致。

(5)作业人员应精神状态良好,熟悉工作中保证安全的组织措施和技术措施;严禁酒后作业和作业中玩笑嬉闹。

(三)准备工作

1.危险点及其预控措施

1)危险点——触电伤害

预控措施:在制作附件过程中操作人员在使用用电设备时应充分阅读设备的使用说明书,严禁违规使用用电设备,严禁私接乱搭电源,若遇到人员触电的情况,应立即断开电源并进行触电急救。

2)危险点——精神和身体状况差

预控措施:工作人员要严格遵守作息及考核时间安排,休息时间严禁酗酒和赌博,应保证足够的休息和睡眠时间。

3)危险点——碰伤划伤

预控措施:工作人员在现场制作电缆附件时,应注意工作区域附近障碍物;操作过程中应注意不要磕碰周围障碍物;使用电缆附件工器具时,应注意勿将锋利刀刃对向自己和他人。

2.工器具及材料准备

1 kV冷缩式电缆中间接头制作与安装所需要的工器具及材料如表4-6所示。

表4-6　1 kV冷缩式电缆中间接头制作与安装所需要的工器具及材料

序号	名称	单位	数量
1	金属对接管	个	1
2	冷缩绝缘管	套	1
3	填充胶	片	5
4	铠装带	套	1
5	PVC胶带	卷	1

续表 4-6

序号	名称	单位	数量
6	说明书	份	1
7	美工刀	把	1
8	手工锯	把	1
9	劳保手套	双	2
10	钢丝钳	把	1
11	锉刀	个	1
12	压接钳	把	1

3. 作业人员分工

1 kV 冷缩式电缆中间接头制作与安装共需要操作人员 2 名(主操作手 1 名、辅工 1 名),作业人员分工如表 4-7 所示。

表 4-7　1 kV 冷缩式电缆中间接头制作与安装人员分工

序号	工作岗位	数量(人)	工作职责
1	主操作手	1	负责本次工作任务的电缆剥切、电缆附件安装等主要操作
2	辅工	1	负责辅助电缆矫直、带材绕包等次要重复性工作

(四) 工作流程及操作示例

1. 工作流程

1 kV 冷缩式电缆中间接头制作与安装工作流程如表 4-8 所示。

表 4-8　1 kV 冷缩式电缆中间接头制作与安装工作流程

序号	作业内容	作业标准	安全注意事项
1	着装	(1)着工作制服。 (2)穿戴安全帽、绝缘鞋和手套。 (3)穿戴整洁、规范,正确无误	现场作业人员正确戴安全帽,穿工作服、工作鞋,戴劳保手套
2	工作准备	(1)选择操作所需工具及材料。 (2)摆放整齐	逐一清点工器具、材料的数量及型号

续表 4-8

序号	作业内容	作业标准	安全注意事项
3	校验、剥切电缆护套、钢铠	(1)校验电缆的线路名称、型号是否与工作任务一致。 (2)将端头锯齐。 (3)剥切电缆外护套(长端剥除 500 mm，短端剥除 300 mm)。 (4)钢铠各留取 30 mm，其余剥除。 (5)将电缆外护套口下 80 mm 处清洁干净	(1)使用手工锯剥切电缆外护套时只锯除护套厚度的 3/4，然后通过钳子剥除。 (2)使用美工刀时注意不要划伤手
4	剥切绝缘	(1)两端各量取连接管 1/2 的长度再加上 3 mm。 (2)切除电缆绝缘	
5	压接连接管	(1)在较长的电缆端套入冷缩绝缘管。 (2)将两端电缆的芯线按线芯绝缘的颜色对应套入连接管的两端。 (3)对连接管进行压接。 (4)使用锉刀挫平连接管表面的棱角和毛刺。 (5)矫直电缆	
6	安装绝缘管	(1)用密封胶填平连接管与线芯绝缘的空隙。 (2)将绝缘管中心与连接管中心对应，盖住连接管。 (3)逆时针抽拉绝缘管。 (4)用宽 PVC 胶带以半搭接的方式整体绕扎	
7	安装地线	(1)矫直电缆，用恒力弹簧将地线固定在电缆钢铠上。 (2)在恒力弹簧上缠 PVC 胶带固定	
8	防水密封处理	从外护套一端以半搭接绕包防水胶带，至另一端外护套，与两护套分别搭接 60 mm	

续表 4-8

序号	作业内容	作业标准	安全注意事项
9	安装铠甲带	以半搭接方式绕包铠甲带并超过防水胶带 50～100 mm	
10	工具和现场清理	(1)清理工具。 (2)清理现场	清理现场遗留杂物,收拾工器具

2. 操作示例图

(1)电缆外护套和钢铠的剥切见图 4-8。

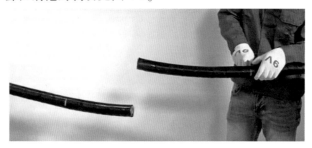

图 4-8　电缆外护套和钢铠的剥切

(2)电缆内垫层剥切见图 4-9。

图 4-9　电缆内垫层剥切

(3)对接管的安装见图 4-10。

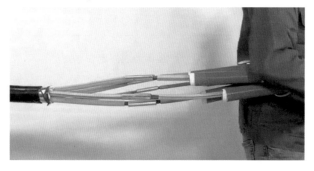

图 4-10　对接管的安装

（4）对接管空隙缠绕填充胶见图 4-11。

图 4-11　对接管空隙缠绕填充胶

（5）绝缘管的安装见图 4-12。

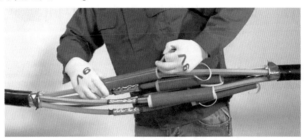

图 4-12　绝缘管的安装

（6）接地线的安装见图 4-13。

图 4-13　接地线的安装

（7）防水密封处理见图 4-14。

图 4-14　防水密封处理

（五）相关知识

制作电缆终端头和接头前,应熟悉安装工艺资料,做好检查,并符合下列要求:

（1）电缆绝缘状况良好,无受潮;电缆内不得进水。

（2）附件规格应与电缆一致;零部件应齐全、无损伤;绝缘材料不得受潮;密封材料不得失效。

（3）施工用机具齐全,便于操作,状况清洁,消耗材料齐备,清洁塑料绝缘表面的溶剂宜遵循工艺导则准备。

（4）必要时应进行试装配。

第四节　10 kV 电缆终端头和中间接头制作

一、10 kV 三芯热缩式电缆终端头制作与安装

（一）引用的资料

（1）《额定电压 1 kV（U_m = 1.2 kV）到 35 kV（U_m = 40.5 kV）挤包绝缘电力电缆及附件》（GB/T 12706.1~4—2020）。

（2）《电气装置安装工程 电缆线路施工及验收标准》（GB 50168—2018）。

（二）天气及作业现场要求

（1）在工作中遇雷、雨、雪、5 级以上大风或其他任何情况威胁到作业人员的安全时,工作负责人或专职监护人可根据情况,临时停止工作。

（2）试验应保证足够的安全作业空间,满足相关试验操作及设备安全要求,主绝缘停电试验中每一相试验前后应对被试电缆进行充分放电。

（3）在制作电缆附件时,应防止灰尘、杂物落入绝缘内,不应在有雷、雨、雾、雪环境下作业。

（4）电缆附件的形式、规格应与电缆类型（如电压、芯数、截面、护层结构和操作环境）一致。

（5）作业人员应精神状态良好,熟悉工作中保证安全的组织措施和技术措施;严禁酒后作业和作业中玩笑嬉闹。

（三）准备工作

1. 危险点及其预控措施

1）危险点——触电伤害

预控措施:在制作附件过程中操作人员在使用用电设备时应充分阅读设备的使用说明书,严禁违规使用用电设备,严禁私接乱搭电源,若遇到人员触电的情况,应立即断开电源并进行触电急救。

2) 危险点——精神和身体状况差

预控措施:工作人员要严格遵守作息及考核时间安排,休息时间严禁酗酒和赌博,应保证足够的休息和睡眠时间。

3) 危险点——碰伤划伤

预控措施:工作人员在现场制作电缆附件时,应注意工作区域附近障碍物;操作过程中应注意不要磕碰周围障碍物;使用电缆附件工器具时,应注意勿将锋利刀刃对向自己和他人。

2. 工器具及材料准备

10 kV 三芯热缩式电缆终端头制作与安装所需要的工器具及材料如表4-9所示。

表4-9　10 kV 三芯热缩式电缆终端头制作与安装所需要的工器具及材料

序号	名称	规格型号	单位	数量
1	10 kV 电缆终端热缩附件		套	1
2	液压钳		套	1
3	液化气罐	50 L	瓶	1
4	喷枪头		把	1
5	电烙铁	1 kW	把	1
6	PVC 胶带	黄、绿、红、黑	卷	4
7	美工刀		把	1
8	手工锯		把	1
9	平口螺丝刀		把	1
10	钢丝钳		把	1
11	锉刀	平锉/圆锉	个	1
12	焊锡丝		卷	1

3. 作业人员分工

10 kV 三芯热缩式电缆终端头制作与安装共需要操作人员 2 名(主操作手 1 名、辅工 1 名),作业人员分工如表4-10所示。

表4-10　10 kV 三芯热缩式电缆终端头制作与安装人员分工

序号	工作岗位	数量(人)	工作职责
1	主操作手	1	负责本次工作任务的电缆剥切、电缆附件安装等主要操作
2	辅工	1	负责辅助电缆矫直、带材绕包等次要重复性工作

电力电缆基础知识及施工技术

(四) 工作流程及操作示例

1. 工作流程

10 kV 三芯热缩式电缆终端头制作与安装工作流程如表 4-11 所示。

表 4-11 10 kV 三芯热缩式电缆终端头制作与安装工作流程

序号	作业内容	作业标准	安全注意事项
1	着装	(1) 着工作制服。 (2) 穿戴安全帽、绝缘鞋和手套。 (3) 穿戴整洁、规范,正确无误	现场作业人员正确戴安全帽,穿工作服、工作鞋,戴劳保手套
2	工作准备	(1) 选择操作所需工具及材料。 (2) 摆放整齐	逐一清点工器具、材料的数量及型号
3	固定电缆	(1) 将电缆固定牢固。 (2) 清洁电缆表面。 (3) 矫直电缆	
4	剥除电缆外护套	(1) 根据现场提供的图纸尺寸要求,剥切相应长度的外护套,外护套切口应平齐,周圈偏差应小于 1 mm,无毛刺。 (2) 外护套断口向下应打磨不小于 100 mm 外护套,防止潮气进入电缆内部降低绝缘值	
5	剥切钢铠及打磨清洁	(1) 按现场提供的图纸要求从外护套端口向上留取钢铠,尺寸误差不超过图纸尺寸±1 mm,用恒力弹簧顺绕向固定,其余剥除。 (2) 钢铠锯除完毕,钢铠边缘应平齐,不得有尖角、飞边,以免伤及内层结构。 (3) 保留部分的钢铠表面应进行打磨,去除表面氧化层及绝缘物质,确保连接可靠	(1) 使用手工锯剥切电缆外护套时只锯除护套厚度的 3/4,然后通过钳子剥除。 (2) 使用美工刀时注意不要划伤手
6	剥除内护套及填充料	(1) 按现场提供的图纸尺寸要求剥除内护套,切口应平齐,尺寸误差不应超出±1 mm。 (2) 剥除填充物时应注意不能伤及铜屏蔽层及绝缘层。 (3) 填充物剥除时断口处应平齐光滑,不应超出内护套层	

续表 4-11

序号	作业内容	作业标准	安全注意事项
7	安装钢铠接地	（1）将铠装接地编织线端部展平，预留近一个恒力弹簧长度，用大恒力弹簧在钢铠上固定一圈，再将地线头折回，并用剩余的恒力弹簧固定牢固。 （2）在恒力弹簧上缠绕两层 PVC 胶带固定恒力弹簧。 （3）用绝缘自粘带从外护套断口处包绕至内护层上，将钢带、恒力弹簧及内衬层包覆住，包绕两层。 （4）绕包层表面应连续、光滑	
8	安装铜屏蔽接地	（1）用砂带打磨铜屏蔽层上的氧化层，并清洁干净。 （2）将另一根接地线头塞入电缆三芯中间，用三角锥塞入固定。 （3）将地线在电缆三相线芯根部的铜屏蔽层上缠绕一圈并向下引出，然后用恒力弹簧在接地编织线外环绕固定住。 （4）在恒力弹簧上缠绕两层 PVC 胶带固定恒力弹簧。 （5）第二条地线的位置与第一条相背并且与钢铠接地线区域相互绝缘	
9	防潮处理	（1）自电缆外护套断口下 30 mm 处包绕一层 50 mm 密封胶，然后将两条接地线拉直紧贴在密封胶上。 （2）在距外护套 150 mm 处用 PVC 胶带缠绕两层将两接地线固定。 （3）在原缠绕密封胶外层再包绕一层密封胶，将接地线夹在其中，形成防水口，提高密封防水性能	

续表 4-11

序号	作业内容	作业标准	安全注意事项
10	电缆三叉口填充及绕包	(1)按照安装说明书使用电缆终端配件所提供材料(填充胶或绝缘胶粘带)逐项进行电缆内、外护套断口处及三相分叉部位空间填充绕包。 (2)绕包体表面应连续、光滑,绕包后外径必须小于分支手套内径。 (3)绕包完成后应用 PVC 胶带在绕包体外通体缠绕一层,防止内衬芯绳不能正常抽出。 (4)三相分叉部位空间填充绕包后,在后续安装完成分支手套时不得有空隙存在	
11	分支手套安装	(1)在三相电缆线芯根部铜屏蔽层上通体缠绕一层 PVC 胶带,防止铜屏蔽层翘边割伤热缩管。 (2)再将指套往电缆三叉根部推放到位,先加热收缩体端,收缩时适当把体端往下推,然后分别加热收缩指端。 (3)收缩后检查三指管根部,不得有空隙存在	
12	剥除铜屏蔽层	(1)根据现场提供的图纸尺寸开断电缆(此工序也可放在剥除外护套前进行),尺寸误差不应超出±2 mm。 (2)按照现场提供的图纸尺寸剥除铜屏蔽层,铜屏蔽端口三相平齐,尺寸误差不应超出±1 mm。 (3)各相铜屏蔽层端口处应平整、光滑、无尖角、无飞边。 (4)剥除铜屏蔽层时,不应伤及绝缘屏蔽层。 (5)根据现场提供的图纸尺寸要求,在端口向下 10 mm 处应做相色标记,误差不应超出±1 mm,铜屏蔽层不应松散、褶皱。 (6)铜屏蔽层外层应打磨,去除氧化层	电缆各层剥切遵循"上层不伤下层"的原则

续表 4-11

序号	作业内容	作业标准	安全注意事项
13	剥除绝缘屏蔽层	(1)按照现场提供的图纸尺寸剥除绝缘屏蔽层,三相应平齐圆整,尺寸误差不超出±0.5 mm,根据剥除顺序进行环剥和纵剥,将绝缘屏蔽层剥除。 (2)剥切绝缘屏蔽层时,不能划伤绝缘层。 (3)对端口进行倒角打磨,使其平滑过渡。	
14	剥除线芯绝缘层并打磨清洁	(1)按照现场提供的图纸尺寸剥除线芯绝缘层,三相应平齐圆整,尺寸误差不超出±1 mm,将线芯绝缘层剥除。 (2)剥除线芯绝缘层时不能划伤线芯,线芯端部应打磨,不应有尖端毛刺,用 PVC 胶带粘面朝外绕包线芯表面。 (3)线芯绝缘层端口处应切出 3 mm、45°坡口,端口应圆滑、无棱角并打磨平整光滑	
15	主绝缘表面打磨	(1)用砂纸打磨绝缘层,使用砂纸应按型号从大(粗)到小(细)顺序打磨,将半导电层残留打磨干净且平整光滑。 (2)打磨完毕后应抛光,再用清洁纸对表面进行清洁,清洁方向应从绝缘层向半导电层清洁,不能来回清洁	
16	绝缘屏蔽层断口处理	(1)根据不同热缩终端产品,按各产品安装说明书进行绝缘屏蔽层断口处理。 (2)外半导电层端部切削打磨时,注意不得损伤绝缘层。 (3)打磨后,外半导电层端口应平齐,与绝缘层圆滑过渡。 (4)绕包半导电带时应去掉隔离膜,拉伸200%左右,按说明书尺寸从铜屏蔽层半搭接至主绝缘层上。 (5)与主绝缘层搭接至说明书规定尺寸后规圆返回到起始处	

电力电缆基础知识及施工技术

续表 4-11

序号	作业内容	作业标准	安全注意事项
17	标记安装定位线及绝缘表面清洗	(1)核对线芯相序,用相色胶带在说明书给定尺寸处做安装基准线标示。 (2)用清洁纸从绝缘层断口往下清洁电缆绝缘表面,不可来回进行清洁。 (3)将硅脂均匀涂抹在电缆绝缘层表面,不能涂在半导电层上	
18	应力控制管与热缩护套管	(1)根据安装工艺图纸要求,将应力控制管套在适当的位置。 (2)在应力控制管端部齐平定位基准线后,加热收缩应力控制管。 (3)在终端收缩过程中应再次核对端部是否与基准线齐平,并及时调整。 (4)用清洁纸清洁应力控制管端部与搭界处。 (5)加热收缩热缩护套管,在端部绕包4层PVC胶带加强密封	
19	压接端子	(1)用清洁纸清洁线芯绝缘处硅脂,在绝缘层上用PVC胶带粘面朝外包扎,防止金属粉末进入终端。 (2)去掉线芯端部的PVC胶带,用砂纸打磨除去线芯表面氧化层。 (3)电缆端子压接时,将端子调至方向一致。 (4)压接前应对接线端子画印。 (5)打磨接线端子上的压痕及尖角,使其光滑并清洗干净	
20	安装密封管	(1)用密封胶填平端子与绝缘层之间的缝隙,在端子上与绝缘层之间包绕两层密封胶,并且与电缆绝缘层搭接10 mm。 (2)用绝缘自粘带在密封胶外通体绕包,绕包至约与主绝缘同径。 (3)套入密封管搭接热缩终端头并使其覆盖压接部分接线端子,并加热压缩	
21	工具和现场清理	(1)清理工具。 (2)清理现场	清理现场遗留杂物,收拾工器具

142

2.操作示例图

(1)电缆外护套和钢铠的剥切见图 4-15。

(2)应力控制管的安装见图 4-16。

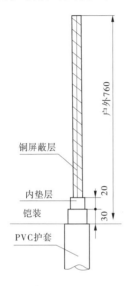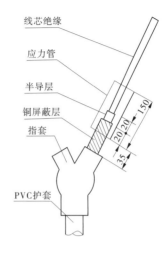

图 4-15 电缆外护套和钢铠的剥切 （单位:mm） **图 4-16 应力控制管的安装** （单位:mm）

(3)绕包完绝缘自粘带,并热收缩密封管后的热缩电缆终端头见图 4-17。

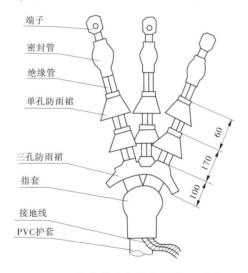

图 4-17 10 kV 三芯热缩式电缆终端头 （单位:mm）

(五) 相关知识

(1)电缆终端头与接头的制作,应由经过培训的熟悉工艺的人员进行。

(2)在室外制作 6 kV 及以上电缆终端头与接头时,其空气相对湿度宜为 70% 及以下;当湿度大时,可提高环境温度或加热电缆。110 kV 及以上高压电缆终端头与接头施工时,应搭临时工棚,环境湿度应严格控制,温度宜为 10~30 ℃。制作塑料绝缘电力电缆终端头与接头时,应防止尘埃、杂物落入绝缘内。严禁在雾或雨中施工。

二、10 kV 三芯冷缩式电缆终端头制作与安装

本节主要介绍 10 kV 三芯冷缩式电缆终端头制作工艺流程与安装质量要求,以 10 kV 交联聚乙烯三芯电缆为例。

(一)引用的资料

(1)《国家电网公司生产技能人员职业能力培训规范 第 6 部分:配电电缆》(Q/GDW 232.6—2008)。

(2)《国家电网公司电力安全工作规程(配电部分)(试行)》(国家电网安质〔2014〕265 号)。

(3)国家电网公司生产技能人员职业能力培训专用教材《配电电缆》。

(二)天气及作业现场要求

(1)施工场地应清理干净,温度、湿度与清洁度应符合要求:温度宜控制在 0~35 ℃;相对湿度应控制在 70% 及以下(或以附件厂家提供的标准为准);当浮尘较多、湿度较大或天气变化频繁时,应搭设附件工棚进行隔离。

(2)作业人员应精神状态良好,熟悉工作中保证安全的组织措施和技术措施;严禁酒后作业,禁止在作业过程中嬉笑玩闹。

(3)施工完毕应做到工完料净、场地清。

(三)准备工作

1. 工器具及材料准备

检查准备本次工作所需要的工器具、资料与材料是否齐全,核对电缆附件与电缆是否匹配(见表 4-12、表 4-13)。

表 4-12 10 kV 三芯冷缩式电缆终端头制作与安装所需要的工器具

序号	名称	规格	单位	数量
1	兆欧表		只	1
2	温湿度计		套	1
3	个人工具		套	1
4	电锯		把	1
5	电动液压接钳	六角模及圆模	台	1
6	手工锯		把	1
7	电缆剥切器		把	1
8	电缆支撑器具		套	1

表 4-13　10 kV 三芯冷缩式电缆终端头制作与安装资料与材料

序号	名称	规格	单位	数量	说明
1	10 kV 电缆冷缩终端头制作说明书		份	1	
2	电缆冷缩终端附件		套	1	
3	锯条		根	2	
4	电缆清洁纸		袋	1	
5	砂纸	120#、240#、400#、600#	张	8	各 2 张
6	PVC 胶带		卷	3	分相色准备
7	无水乙醇	纯度 99.7%	瓶	1	
8	手套		双	4	
9	记号笔		支	1	

2. 现场安全交底

工作负责人进行现场安全交底,向工作人员交代工作任务、工作范围、带电部位及安全措施。

3. 危险点及其预控措施

1) 危险点——机械伤害、刀伤

预控措施:作业人员必须戴安全帽、手套等防护用品,正确使用工器具。

2) 危险点——电缆挤伤、砸伤人员

预控措施:电缆必须固定可靠。

3) 危险点——触电伤害

预控措施:确认电缆不带电,安全措施正确、完备;临时用电电源漏电保护器完好。

4. 作业人员分工

10 kV 三芯冷缩式电缆终端头制作与安装共需要作业人员 4 名(工作负责人 1 名、安全监护人员 1 名、主操作人员 1 名、辅助人员 1 名),作业人员分工如表 4-14 所示。

表 4-14　10 kV 三芯冷缩式电缆终端头制作与安装人员分工

序号	工作岗位	数量(人)	工作职责
1	工作负责人(现场总指挥)	1	负责本次任务的工作票办理、召开工作班前会、落实现场安全措施,负责作业过程中的安全与质量监督及工作总结
2	安全监护人员(安全员)	1	各危险点的安全检查和监护
3	主操作人员	1	负责电缆剥切、表面处理及尺寸的掌握;负责附件的检查与定位安装
4	辅助人员	1	协助主操作人员工作

5.布置现场安全措施

根据现场作业环境布置安全措施(安全围栏、挂"止步！高压危险"警示牌)。

(四) 工作流程及操作示例

1.工作流程

10 kV 三芯冷缩式电缆终端头制作与安装工作流程如表 4-15 所示。

表 4-15　10 kV 三芯冷缩式电缆终端头制作与安装工作流程

序号	作业内容	作业标准	安全注意事项
1	工器具及材料摆放	在防潮垫上摆放好所需的工具、材料及图纸等	(1)逐一清点工器具、材料的数量及型号,并分类摆放。 (2)检查工器具是否安全可靠
2	检查电缆	(1)检查电缆有无损坏、进水。 (2)核对终端配件是否齐全,电缆附件与电缆是否匹配。 (3)仔细阅读安装说明书	(1)检查电缆前应使用放电棒对电缆进行放电(见图 4-18)。 (2)用兆欧表检查电缆绝缘
3	剥切外护套、钢铠及内护套	(1)对电缆进行固定、矫直、锯齐。 (2)在电缆外护套端口处,按要求长度擦拭干净。 (3)按要求量取电缆外护套剥切尺寸,并剥除。 (4)打磨钢铠,并清洁。 (5)量取钢铠预留尺寸后用恒力弹簧固定。 (6)使用钢锯环向割切钢铠,并剥离。 (7)量取需要保留内护套尺寸,并做好标记,剥切内护套。 (8)清理填充物。 (9)铜屏蔽端部缠绕 PVC 胶带,以免铜带散开(见图 4-19)	(1)电缆表面应擦拭干净。 (2)电缆外护套切口应平整,断口以下 100 mm 内用砂纸打毛并清洁。 (3)保留端部部分外护套,防止钢铠松散伤人(见图 4-20)。 (4)切割钢铠时不得损伤内护套,并打磨掉毛刺,且切口要齐。 (5)清理填充物时刀口应由里向外,避免伤及铜屏蔽层

续表 4-15

序号	作业内容	作业标准	安全注意事项
4	安装接地线	(1)用恒力弹簧将接地线固定在已打磨的钢铠上。 (2)按照说明书在外护套上量取需要绕包的位置,用砂纸打磨(见图4-21)。 (3)在外护套上缠绕防水带,做防水处理。 (4)安装铜屏蔽层接地线。 (5)在电缆三叉处绕包填充胶及防水带,其外径略小于三指套内径(见图4-22)	(1)铠装接地线端头应反折一次(见图4-23)。 (2)接地线应夹在防水带中间,形成防水口。 (3)打磨铜屏蔽层后将铜编织带尾端塞入电缆三芯中间,用三角锥塞入固定,然后绕三相铜屏蔽层一周,交叉穿过后向下用力拉紧(见图4-24),再用恒力弹簧固定。 (4)为防止抽支撑条时损伤防水带,须在套三指手套前对绕包体再绕包一层PVC胶带
5	收缩冷缩三指套及冷缩直管	(1)清洁电缆后将冷缩三指套放到电缆根部,逆时针抽出支撑条,先收缩尾管,然后分别收缩指管。 (2)分别套入冷缩直管至三相电缆,按图纸要求的尺寸与三指套的指管搭接,向上逆时针抽出支撑条,使冷缩护套管自然地收缩在电缆铜屏蔽层上	(1)按说明书给定尺寸在三相电缆线芯根部铜屏蔽层上通体缠绕一层PVC胶带,防止铜屏蔽层翘边割伤冷缩管。 (2)将冷缩分支手套套入电缆前应事先检查三指管内支撑条内口预留是否过多,有多余时应先拉掉伸入指端的多余部分。 (3)在抽支撑条时,应均匀缓慢,防止衬管弹出。 (4)收缩后应检查三指管根部是否有空隙存在。 (5)按照安装说明书要求校验冷缩终端尺寸,环切多余冷缩管或锯除多余线芯。 (6)冷缩管切割时,必须绕包两层PVC胶带固定,圆周环切后,才能纵向剖切,剥切时不得损伤铜屏蔽层,严禁无包扎切割

续表 4-15

序号	作业内容	作业标准	安全注意事项
6	剥切铜屏蔽层、半导电层、绝缘层	(1)量取需要剥切的铜屏蔽层尺寸,用刀划一浅痕,慢慢将铜屏蔽层撕下。 (2)从铜屏蔽端口量取需要剥切的半导电层尺寸。 (3)做好切断记号后,环切外半导电层,再从内向外竖切。 (4)量取端子孔深度,按端子孔深度+5 mm在绝缘表面做好标记。 (5)调整好剥削器刀片深度,用剥削刀剥切主绝缘。 (6)主绝缘断口处倒角1×45°。 (7)将线芯用PVC胶带做好保护,再按图纸尺寸要求,在冷缩直管上做好定位标记。 (8)用半导电带拉伸,把铜屏蔽断口处与外半导电层之间绕包一个来回(见图4-25)。	(1)剥铜屏蔽层时,不能损伤外半导电层,且铜屏蔽层端部要平整光滑,不要有毛刺棱角。 (2)半导电层的割切深度是半导电层厚度的2/3,避免伤及主绝缘。 (3)撕掉半导电层后倒角,避免尖端放电的产生,其断口应平整(见图4-26)。 (4)绝缘表面要干净、光滑、无损伤。 (5)剥切主绝缘时,不得损伤线芯
7	压接接线端子	(1)将线夹套入线芯,对比安装位置,压接接线端子。 (2)压接后应挫掉毛刺,打磨平整,打磨前应对线芯绝缘用PVC胶带粘面朝外包扎,做好保护	(1)压接前,应去除线芯上的氧化层。 (2)压接时,应将端子的方向调整一致。 (3)压接方向应从端子端部往下进行,不得反向
8	安装电缆终端	(1)对线芯绝缘表面进行打磨。 (2)用清洁巾从绝缘端部由上往下清洁电缆绝缘表面。 (3)待主绝缘表面干燥后,均匀地涂抹一层硅脂。 (4)套入冷缩终端头,下端部靠准定位标记,在上端逆时针方向缓缓拉出支撑条。 (5)用填充胶填平电缆主绝缘与端子间的间隙。 (6)在填充胶和终端头端部套上冷缩密封管,抽出支撑条,密封管自然收缩	(1)清洁电缆绝缘表面时,应一次性从绝缘断口抹向半导电层,不能来回擦拭。 (2)硅脂不能涂在半导电层上。 (3)冷缩终端不能套反。 (4)在抽支撑条时,应均匀缓慢,防止衬管弹出。 (5)用清洁纸清洁终端与护套管的搭界处,并在此绕包4层PVC胶带加强密封。 (6)电缆头从开始剥切到制作完成,必须连续进行,一次完成,防止受潮
9	安全文明施工及现场清理	(1)清洁成品。 (2)安装完成后及时清理现场,做到工完料净、场地清	(1)工具、材料不应掉落地面。 (2)正确使用工具。 (3)操作过程中不得有划伤。 (4)工具不得损坏

2. 操作示例图

操作示例图见图 4-18～图 4-26。

图 4-18　电缆放电

图 4-19　铜屏蔽端部保护

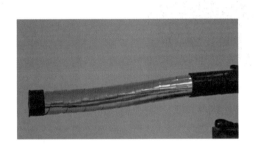

图 4-20　保留一小段端部外护套

图 4-21　为方便密封对外护套进行打磨

图 4-22　防水带绕包后结果示意图

图 4-23　铠装层接地编织带的安装方法

图 4-24 安装铜屏蔽接地线

图 4-25 铜屏蔽断口与半导电层之间搭绕

图 4-26 半导电层断口应平整

(五)恢复现场及工作终结

1. 恢复现场

拆除安全围栏、警示牌,整理安全工器具。

2. 工作终结

工作负责人向工作许可人汇报工作情况,并办理工作终结手续。

(六)相关知识

冷缩式电缆终端头是利用弹性体材料(常用的有硅橡胶和乙丙橡胶)在工厂内注射硫化成型,再经扩径、衬以塑料螺旋支撑物构成各种电缆附件的部件。现场安装时,将这些预扩张件套在经过处理后的电缆末端或接头处,抽出内部支撑的塑料螺旋条(支撑物),压紧在电缆绝缘上而完成安装。因为它是在常温下靠弹性回缩力,而不是像热收缩电缆附件要用火加热收缩,故俗称冷收缩电缆附件。

早期的冷缩式电缆终端头只是附加绝缘采用硅橡胶冷缩部件,电场处理仍采用应力锥式或应力带绕包式。

现在普遍都采用冷收缩应力控制管,电压等级为 10~35 kV。对于冷缩式电缆终端头,1 kV 级采用冷收缩绝缘管做增强绝缘,10 kV 级采用带内外半导电屏蔽层的接头冷收缩绝缘件。三芯电缆终端分叉处采用冷收缩分支套。

三、10 kV 三芯热缩式电缆中间接头制作与安装

本小节主要介绍 10 kV 三芯热缩式电缆中间接头制作工艺流程与安装质量要求,以 10 kV 交联聚乙烯三芯电缆为例。

(一)引用的资料

(1)《国家电网公司生产技能人员职业能力培训规范 第 6 部分:配电电缆》(Q/GDW 232.6—2008)。

(2)《国家电网公司电力安全工作规程(配电部分)(试行)》(国家电网安质〔2014〕265 号)。

(3)国家电网公司生产技能人员职业能力培训专用教材《配电电缆》。

(二)天气及作业现场要求

(1)施工场地应清理干净,温度、湿度与清洁度应符合要求:温度宜控制在 0~35 ℃;相对湿度应控制在 70% 及以下(或以附件厂家提供的标准为准);当浮尘较多、湿度较大或天气变化频繁时应搭设附件工棚进行隔离,并采取适当措施净化工棚内施工环境。

(2)作业人员应精神状态良好,熟悉工作中保证安全的组织措施和技术措施;严禁酒后作业,禁止在作业过程中嬉笑玩闹。

(3)施工完毕应做到工完料净、场地清。

(三)准备工作

1. 工器具及材料准备

检查准备本次工作所需要的工器具、资料与材料是否齐全,核对电缆附件与电缆是否匹配(见表 4-16、表 4-17)。

表 4-16　10 kV 三芯热缩式电缆中间接头制作与安装所需要的工器具

序号	名称	规格	单位	数量	说明
1	兆欧表		只	1	
2	温湿度计		套	1	
3	个人工具		套	1	
4	电锯		把	1	
5	电动液压接钳	六角模及圆模	台	1	
6	手工锯		把	1	
7	电缆剥切器		把	1	
8	电缆支撑器具		套	1	
9	防雨伞		把	1	
10	烙铁	200 W	把	1	
11	火器		套	1	煤气罐及喷枪或喷灯
12	灭火器材		只	1	

表 4-17 10 kV 三芯热缩式电缆中间接头制作与安装资料与材料

序号	名称	规格	单位	数量	说明
1	10 kV 电缆热缩中间接头制作说明书		份	1	
2	电缆热缩中间接头附件		套	1	
3	锯条		根	2	
4	电缆清洁纸		袋	1	
5	保鲜膜		卷	2	
6	砂纸	120#、240#、400#、600#	张	8	各 2 张
7	PVC 胶带		卷	3	分相色准备
8	无水乙醇	纯度 99.7%	瓶	1	
9	手套		双	4	
10	记号笔		支	1	
11	铜连接管		支	3	
12	丙烷气		只	1	配喷灯

2. 现场安全交底

工作负责人进行现场安全交底,向工作人员交代工作任务、工作范围、带电部位及安全措施。

3. 危险点及其预控措施

1)危险点——机械伤害、刀伤

预控措施:作业人员必须戴安全帽、手套等防护用品,正确使用工器具。

2)危险点——电缆挤伤、砸伤人员

预控措施:电缆必须固定可靠。

3)危险点——触电伤害

预控措施:确认电缆不带电,安全措施正确、完备;临时用电电源漏电保护器完好。

4)危险点——烫伤

使用喷灯或气罐不当,造成失火或爆炸。

预控措施:①检查喷灯本体是否漏气或堵塞;②喷灯加油不得超过容积的 3/4;③禁止在明火附近放气或加油;④点火时应先将喷灯嘴预热;⑤喷灯嘴不得对着人体及设备;⑥应由有经验的人员操作喷灯或气罐。

4. 作业人员分工

10 kV 三芯热缩式电缆中间接头制作与安装共需要作业人员 4 名(工作负责人 1 名、安全监护人员 1 名、主操作人员 1 名、辅助人员 1 名),作业人员分工如表 4-18 所示。

表 4-18　10 kV 三芯热缩式电缆中间接头制作与安装人员分工

序号	工作岗位	数量(人)	工作职责
1	工作负责人(现场总指挥)	1	负责本次任务的工作票办理、召开工作班前会、落实现场安全措施,负责作业过程中的安全与质量监督及工作总结
2	安全监护人员(安全员)	1	各危险点的安全检查和监护
3	主操作人员	1	负责电缆剥切、表面处理及尺寸的掌握;负责附件的检查与定位安装
4	辅助人员	1	协助主操作人员工作

5. 布置现场安全措施

根据现场作业环境布置安全措施(安全围栏、挂"止步!高压危险"警示牌)。

(四)工作流程及操作示例

1. 工作流程

10 kV 三芯热缩式电缆中间接头制作与安装工作流程如表 4-19 所示。

表 4-19　10 kV 三芯热缩式电缆中间接头制作与安装工作流程

序号	作业内容	作业标准	安全注意事项
1	工器具及材料摆放	在防潮垫上摆放好所需的工具、材料及图纸等	(1)逐一清点工器具、材料的数量及型号,并分类摆放(见图 4-27)。 (2)检查工器具是否安全可靠
2	作业环境检查	电缆头制作必须在天气晴朗、空气干燥下进行;施工现场应清洁、无飞扬的尘土	(1)温度、湿度符合要求。 (2)当浮尘较多、湿度较大或天气变化频繁时应搭设附件制作工棚
3	检查电缆	(1)检查电缆有无损坏、进水。 (2)核对终端配件是否齐全,电缆附件与电缆是否匹配。 (3)仔细阅读安装说明书	(1)检查电缆前应使用放电棒对电缆进行放电。 (2)用兆欧表检查电缆绝缘电阻(见图 4-28)

电力电缆基础知识及施工技术

续表 4-19

序号	作业内容	作业标准	安全注意事项
4	套入内、外护套及剥切电缆	(1) 对待接电缆进行矫直、对正、锯齐(见图 4-29)。 (2) 在电缆外护套端口处,按产品说明书要求长度擦拭干净,去掉污垢。 (3) 将附件内、外护套套进两端电缆。 (4) 按照产品说明书所要求的量取电缆外护套剥切尺寸。 (5) 用笔做好切点记号,用刀先环切再竖切电缆外护套,并剥除。 (6) 打磨钢铠上的防锈漆,并清洁。 (7) 量取钢铠预留尺寸后用恒力弹簧固定。 (8) 使用钢锯环向割切钢铠。 (9) 量取需要保留内护套的尺寸,并做好标记,用刀先环切电缆内护套,再沿着填充物走向竖切。 (10) 清理填充物。 (11) 量取需要剥切铜屏蔽层的尺寸,并用 PVC 胶带做好相色标记,顺 PVC 胶带扎紧方向用刀划一浅痕,慢慢将铜屏蔽层撕下。 (12) 从铜屏蔽层上端量取需要剥切半导电层的尺寸,做好切断标记。 (13) 环切外半导电层,再从内向外竖切。 (14) 量取连接管长度,按连接管长度的 1/2+5 mm,在主绝缘表面做好剥切标记,调整好剥削器刀片深度,对绝缘层进行剥切。 (15) 绝缘断口切削成锥体,并将导体上的内半导电层剥切掉。 (16) 用砂纸打磨,并清洁电缆绝缘表面。 (17) 用应力疏散胶将外半导电层与线芯绝缘处填平(见图 4-30)。 (18) 按照图纸要求的尺寸将应力控制管搭接半导电层,加热固定	(1) 剥外护套时,要保留端部部分外护套,防止钢铠松散伤人(见图 4-31)。 (2) 切割钢铠时不得损伤内护套。 (3) 打磨掉钢铠锯断处的毛刺,且切口要齐。 (4) 清理填充物时,刀口由里向外切割,避免伤及铜屏蔽层。 (5) 核相并标识相别。 (6) 剥铜屏蔽层时,切勿损伤半导电层,铜屏蔽层端部要平整光滑,不要有毛刺、棱角。 (7) 割切半导电层刀口深度是厚度的 2/3,以免伤及绝缘体。 (8) 除去半导电层后须倒角(见图 4-32),以避免产生尖端放电现象。 (9) 半导电层断口要整齐,绝缘表面要干净、光滑、无损伤。 (10) 剥切主绝缘到标记位置时,要逐渐调浅剥削器刀片深度(见图 4-33)。 (11) 绝缘断口切削成锥体,目的是分散端部电场应力(见图 4-34)。 (12) 清洁电缆绝缘表面时,应一次性从绝缘端部抹向半导电层,不得来回擦拭电缆绝缘表面。 (13) 应力管加热收缩应均匀,火焰应朝向收缩的方向(见图 4-35)。 (14) 注意防火

续表 4-19

序号	作业内容	作业标准	安全注意事项
5	套入绝缘管、半导电管和铜网	在长端每相分别套入一组绝缘管、半导电管,在短端每相套入一段铜屏蔽网(见图 4-36)。	
6	连接导体,绕包半导电带、填充胶	(1)对线芯进行打磨、清洁。 (2)将三相电缆对齐,套入连接管。 (3)压接导体连接管。 (4)打磨连接管,清除铜屑。 (5)用半导电带缠绕连接管两端的缝隙及表面。 (6)将填充胶缠绕在半导电带外,稍微高出线芯绝缘,使之光滑圆整(见图 4-37)。 (7)去除 PVC 胶带,用清洁巾清洁绝缘体及应力管表面	(1)连接管应从中间向两侧顺序压接。 (2)打磨连接管前,应在主绝缘表面用 PVC 胶带反面包绕,加以保护。 (3)保证两段电缆的内半导电层的连通
7	收缩接头	(1)用应力疏散胶缠平应力管与绝缘层的台阶。 (2)在线芯绝缘表面和应力管表面均匀地涂抹一层硅脂。 (3)将三根内绝缘管放在相应位置,加热收缩。 (4)从铜屏蔽断口至绝缘管端部包绕红色密封胶,间隙填成平滑锥面。 (5)将三根半导电管拉至接头中央,两端对称,加热收缩。 (6)用半导电带在半导电管端头缠绕,使其搭接铜屏蔽(见图 4-38)	(1)硅脂应避免涂在半导电层上。 (2)使用火器时,应准备好灭火器。 (3)加热应从中间位置开始沿圆周方向向两端缓慢推进。 (4)加热火焰朝向为收缩方向
8	连接铜网	(1)将铜网套拉至电缆两端铜屏蔽上,套住接头体。 (2)铜网套两端分别用恒力弹簧固定卡紧,并在恒力弹簧外包绕 PVC 胶带	安装恒力弹簧时,应避免划伤

续表 4-19

序号	作业内容	作业标准	安全注意事项
9	热缩内护套	(1)用砂纸打毛电缆内护层。 (2)将三相线芯并拢，细的内护套拉至接头上，其一端与内护层搭接，加热收缩(见图4-39)；然后使另一根内护套搭接另一端的内护套	(1)加热应从中间位置开始沿圆周方向向两端缓慢推进。 (2)加热火焰朝向为收缩方向
10	接钢铠地线，热缩外护套	(1)将电缆外护套打毛100 mm，用铜编织带连接两端钢铠，并用恒力弹簧卡紧(见图4-40)。 (2)将一根外护套管搭接外护套100 mm，加热收缩；然后将另一根外护套管搭接另一端电缆外护套100 mm，加热收缩。 (3)安装完成后静置30 min，才能移动电缆中间接头	(1)在恒力弹簧部位缠绕填充胶，不能有尖角和毛刺外露。 (2)加热应从中间位置开始沿圆周方向向两端缓慢推进。 (3)加热火焰朝向为收缩方向

2. 操作示例图

操作示例图见图4-27~图4-40。

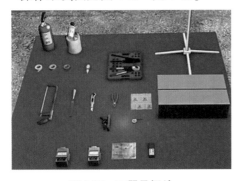

图4-27　工器具摆放

图4-28　绝缘电阻测试

图4-29　电缆矫正、锯齐

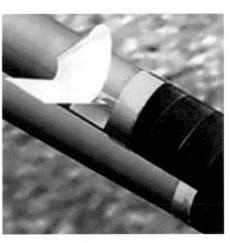

图4-30　在半导电层断口处绕包应力疏散胶

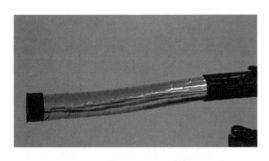

图 4-31　保留一小段端部外护套

图 4-32　半导电层倒角,断口整齐

图 4-33　切削主绝缘

图 4-34　主绝缘端部切削成反应力锥

图 4-35　加热收缩应力控制管,火焰朝收缩方向

图 4-36　套入绝缘管、半导电管、铜屏蔽网的方法

图 4-37　填充胶绕包在半导电带外，稍高出线芯绝缘

图 4-38　半导电层和铜屏蔽之间通过半导电带缠绕搭接

图 4-39　热缩内护套

图 4-40　钢铠的连接

（五）恢复现场及工作终结

1. 恢复现场

拆除安全围栏、警示牌，整理安全工器具。

2. 工作终结

工作负责人向工作许可人汇报工作情况，并办理工作终结手续。

（六）相关知识

1. 丙烷液化气喷枪组成及特点

丙烷液化气喷枪由液化气储气罐、减压阀、橡胶管与喷枪头组成。与喷灯相比，燃料储备罐和燃烧器喷枪分离，具有轻巧、火力充足、火焰中不含炭粒等优点，有利于保证搪铅和热缩管材的施工质量。

2. 丙烷气喷枪的使用方法

（1）检查：连接好喷枪各部件，旋紧燃气管夹头（或使用专用的管子箍扭紧液化气瓶接头），关闭喷枪开关，松开液化气罐阀门，检查各部件是否漏气。

（2）点火：先开气罐角阀，然后在喷嘴出口点火等待，稍微打开喷枪开关，在喷嘴处直接点火即可，喷出火焰后调整火焰大小。

（3）关闭：先调小火焰，再关闭气罐角阀，待熄火后，再关闭喷枪开关，不得在管内留有残余气体。

四、10 kV 三芯冷缩式电缆中间接头制作与安装

本小节主要介绍 10 kV 三芯冷缩式电缆中间接头制作工艺流程与安装质量要求,以 10 kV 交联聚乙烯三芯电缆为例。

(一) 引用的资料

(1)《国家电网公司生产技能人员职业能力培训规范 第 6 部分:配电电缆》(Q/GDW 232.6—2008)。

(2)《国家电网公司电力安全工作规程(配电部分)(试行)》(国家电网安质〔2014〕265 号)。

(3)国家电网公司生产技能人员职业能力培训专用教材《配电电缆》。

(二) 天气及作业现场要求

(1)施工场地应清理干净,温度、湿度与清洁度应符合要求;温度宜控制在 0~35 ℃;相对湿度应控制在 70%及以下(或以附件厂家提供的标准为准);当浮尘较多、湿度较大或天气变化频繁时应搭设附件工棚进行隔离,并采取适当措施净化工棚内施工环境。

(2)作业人员应精神状态良好,熟悉工作中保证安全的组织措施和技术措施;严禁酒后作业,禁止在作业过程中嬉笑玩闹。

(3)施工完毕应做到工完料净、场地清。

(三) 准备工作

1. 工器具及材料准备

检查准备本次工作所需要的工器具、资料与材料是否齐全,核对电缆附件与电缆是否匹配(见表 4-20、表 4-21)。

表 4-20 10 kV 三芯冷缩式电缆中间接头制作与安装所需要的工器具

序号	名称	规格	单位	数量
1	兆欧表		只	1
2	温湿度计		套	1
3	个人工具		套	1
4	电锯		把	1
5	电动液压接钳	六角模及圆模	台	1
6	手工锯		把	1
7	电缆剥切器		把	1
8	电缆支撑器具		套	1
9	防雨伞		把	1

表 4-21　10 kV 三芯冷缩式电缆中间接头制作与安装资料与材料

序号	名称	规格	单位	数量	说明
1	10 kV 电缆冷缩中间接头制作说明书		份	1	
2	电缆冷缩中间接头附件		套	1	
3	电缆清洁纸		袋	1	
4	保鲜膜		卷	2	
5	砂纸	120#、240#、400#、600#	张	8	各 2 张
6	PVC 胶带		卷	3	分相色准备
7	无水乙醇	纯度 99.7%	瓶	1	
8	手套		双	4	
9	记号笔		支	1	
10	铜连接管		支	3	

2. 现场安全交底

工作负责人进行现场安全交底,向工作人员交代工作任务、工作范围、带电部位及安全措施。

3. 危险点及其预控措施

1)危险点——机械伤害、刀伤

预控措施:作业人员必须戴安全帽、手套等防护用品,正确使用工器具。

2)危险点——电缆挤伤、砸伤人员

预控措施:电缆必须固定可靠。

3)危险点——触电伤害

预控措施:确认电缆不带电,安全措施正确、完备;临时用电电源漏电保护器完好。

4. 作业人员分工

10 kV 三芯冷缩式电缆中间接头制作与安装共需要作业人员 4 名(工作负责人 1 名、安全监护人员 1 名、主操作人员 1 名、辅助人员 1 名),作业人员分工如表 4-22 所示。

表4-22　10 kV三芯冷缩式电缆中间接头制作与安装人员分工

序号	工作岗位	数量(人)	工作职责
1	工作负责人(现场总指挥)	1	负责本次工作任务的人员分工、工作前的现场查勘、现场复勘,办理作业票相关手续、召开工作班前会、落实现场安全措施,负责作业过程中的安全监督、工作中突发情况的处理、工作质量的监督及工作后的总结
2	安全监护人员(安全员)	1	各危险点的安全检查和监护
3	主操作人员	1	负责电缆剥切、表面处理及尺寸的掌握;负责附件的检查与定位安装
4	辅助人员	1	协助主操作人员工作

5.布置现场安全措施

根据现场作业环境布置安全措施(安全围栏、挂"止步!高压危险"警示牌)。

(四)工作流程及操作示例

1.工作流程

10 kV三芯冷缩式电缆中间接头制作与安装工作流程如表4-23所示。

表4-23　10 kV三芯冷缩式电缆中间接头制作与安装工作流程

序号	作业内容	作业标准	安全注意事项
1	工器具及材料摆放	在防潮垫上摆放好所需的工具、材料及图纸等	(1)逐一清点工器具、材料的数量及型号,并分类摆放。(2)检查工器具是否安全可靠
2	作业环境检查	电缆头制作必须在天气晴朗、空气干燥下进行;施工现场应清洁、无飞扬的尘土	(1)温度、湿度应符合要求;(2)当浮尘较多、湿度较大或天气变化频繁时应搭设附件制作工棚

电力电缆基础知识及施工技术

续表 4-23

序号	作业内容	作业标准	安全注意事项
3	检查电缆	（1）检查电缆有无损坏、进水。 （2）核对终端配件是否齐全，电缆附件与电缆是否匹配。 （3）仔细阅读安装说明书	（1）检查电缆前应使用放电棒对电缆进行放电（见图 4-41）。 （2）用兆欧表检查电缆绝缘
4	套入内、外护套及剥切电缆	（1）对待接电缆进行矫直、对正、锯齐（见图 4-42）。 （2）在电缆外护套端口处，按产品说明书要求长度擦拭干净，去掉污垢。 （3）将附件内、外护套套进两端电缆。 （4）按照产品说明书所要求的量取电缆外护套剥切尺寸。 （5）用笔做好切点记号，用刀先环切再竖切电缆外护套，并剥除。 （6）打磨钢铠上的防锈漆，并清洁。 （7）量取钢铠预留尺寸后用恒力弹簧固定。 （8）使用钢锯环向割切钢铠。 （9）量取需要保留内护套的尺寸，并做好标记，用刀先环切电缆内护套，再沿着填充物走向竖切。 （10）清理填充物。 （11）量取需要剥切铜屏蔽层的尺寸，并用 PVC 胶带做好相色标记，顺 PVC 胶带扎紧方向用刀划一浅痕，慢慢将铜屏蔽层撕下。 （12）从铜屏蔽层上端量取需要剥切半导电层的尺寸，做好切断标记。 （13）环切外半导电层，再从内向外竖切。 （14）量取连接管长度，按连接管长度的 1/2+5 mm，在主绝缘表面做好切切标记，调整好剥削器刀片深度，用剥削刀剥切主绝缘。 （15）主绝缘断口处倒角 1×45°（见图 4-43）	（1）剥外护套时，要保留端部部分外护套，防止钢铠松散伤人（见图 4-44）。 （2）切割钢铠时不得损伤内护套。 （3）打磨掉钢铠锯断处的毛刺，且切口要齐。 （4）清理填充物时，刀口由里向外切割，避免伤及铜屏蔽层。 （5）核相并标识相别（见图 4-45）。 （6）剥铜屏蔽层时，切勿损伤半导电层，铜屏蔽层端部要平整光滑，不要有毛刺、棱角。 （7）割切半导电层时刀口深度是厚度的 2/3，避免伤及绝缘体。 （8）除去半导电层后须倒角（见图 4-46），以避免产生尖端放电现象。 （9）半导电层断口要整齐，绝缘表面要干净、光滑、无损伤

162

续表 4-23

序号	作业内容	作业标准	安全注意事项
5	套入中间接头和铜网及压接	(1)在导体端部缠绕 PVC 胶带保护。 (2)将三支铜网套分别套入电缆的短端。 (3)将三支冷缩接头分别套入电缆的长端,支撑条拉出方向朝外侧(见图 4-47)。 (4)打磨并清洁线芯。 (5)将三相电缆对齐,套入连接管,采用围压方式进行压接;去掉毛刺和锐角,清除铜屑。 (6)用半导电带缠绕连接管及管两端与线芯的缝隙处,并且在连接管表面紧密缠绕多层,尽量与绝缘层高度齐平(见图 4-48)	(1)打磨连接铜管前,应对线芯绝缘用 PVC 胶带粘面朝外包扎,做好保护。 (2)两根电缆间的内半导电层应通畅。 (3)半导电带缠绕完毕后,其尾部一定要用手压紧,防止脱落
6	收缩接头	(1)用清洁巾清洁电缆绝缘表面。 (2)待干燥后,在绝缘表面均匀地涂抹少许硅脂(见图 4-49)。 (3)在短端的半导电层上按安装图纸要求做好定位标记。 (4)对准定位标记收缩,逆时针方向旋转抽出支撑条,使接头收缩。 (5)用清洁巾清除接头两端粉末和硅脂	(1)电缆绝缘表面的清洁要求:应一次性从绝缘断口抹向半导电层,不能来回擦拭。 (2)在抽支撑条时,应均匀缓慢,防止衬管弹出
7	接头端部防水及铜网连接	(1)在清洁干净后的冷缩接头两端先用密封胶缠绕。 (2)密封胶外包绕防水带加 PVC 胶带加强密封。 (3)做好端部防水后,将铜网套拉至电缆两端铜屏蔽层上。 (4)套住接头体后,铜网两端分别用恒力弹簧固定卡紧	(1)防水带应拉伸。 (2)密封胶、防水带、PVC 胶带不要包到铜屏蔽层。 (3)在恒力弹簧外包绕 PVC 胶带加以防护(见图 4-50)

续表 4-23

序号	作业内容	作业标准	安全注意事项
8	防水带及铠装带的包绕	（1）将三相并拢整理，先用宽 PVC 胶带包绕一层，再用防水带从一端内护套端口处以半搭包方式，绕至另一端内护套端口处。 （2）用恒力弹簧将铜编织带固定在两端的钢铠上。 （3）用 PVC 胶带在恒力弹簧上绕包两层。 （4）根据图纸要求的尺寸，在需要绕包的位置用砂纸将外护套打磨粗糙。 （5）绕包防水带。 （6）从电缆外护套 100 mm 处以半搭包方式，将铠装带绕至电缆另一端外护套 100 mm 处。 （7）铠装尾端用 PVC 胶带固定	（1）防水带的绕包是两层：搭内护套一层，覆盖外护套一层。 （2）外层防水带胶面朝里。 （3）两电缆间的铠装层，由铜编织带保持畅通。 （4）铠装带的包绕须戴上乳胶手套，从真空包装袋中拿出后，须迅速绕包。 （5）为保证铠装带固化，在完成绕包后，须静置 30 min，方可移动电缆
9	安全文明施工及现场清理	（1）清洁成品； （2）安装完成后及时清理现场，做到工完料净、场地清	（1）工具、材料不应掉落地面。 （2）正确使用工具。 （3）操作过程中不得有划伤伤害。 （4）工具不得损坏

2. 操作示例图

操作示例图见图 4-41~图 4-50。

图 4-41 电缆放电

图 4-42 对电缆矫直、对正、锯齐

图 4-43　主绝缘断口倒角

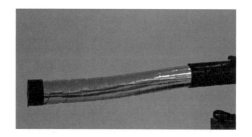

图 4-44　保留一小段端部外护套

图 4-45　核相后在铜屏蔽层上做相色标记

图 4-46　半导电层断口应倒角且平整

图 4-47　套入冷缩接头

图 4-48　在间隙及连接管上缠绕半导电带

图 4-49　在绝缘表面涂抹硅脂

图 4-50　在恒力弹簧上绕包 PVC 胶带

(五)恢复现场及工作终结

1. 恢复现场

拆除安全围栏、警示牌,整理安全工器具。

2. 工作终结

工作负责人向工作许可人汇报工作情况,并办理工作终结手续。

(六)相关知识

铠装带,亦称铠甲带(见图 4-51),即玻璃纤维胶带,主要用于电力电缆行业中 10 kV、35 kV 冷缩式电缆中间接头的连接。

其特点是:

(1)遇水快速固化、操作简便和应用范围广等。固化后形成的结构物弯曲强度和拉伸强度高,无毒、无味、无刺激、耐水、耐腐蚀。

(2)应用广泛:由于其使用方便,便于携带,并可任意塑形,近年来已越来越多地被应用到电力、通信、化工、海洋、矿业、汽车制造、造船、塑像、医疗等领域。在电力行业中主要用于冷缩式电缆中间接头的防水层外的钢铠恢复,对接头结构起保护和支撑作用。

(3)使用方便:铠装带密闭于铝塑复合袋中,即开即用,使用时无须特殊设备,只要简单地将绷带浸于水中数秒,然后缠绕塑形,即可在 10 min 左右完成固化,30 min 后基本可承重,1 h 后则能体现其机械防护性能。

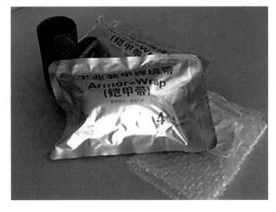

图 4-51　铠装带

五、10 kV 单芯热缩式电缆终端头制作与安装

(一)引用的资料

(1)《电气装置安装工程质量检验及评定规程　第 5 部分:电缆线路施工质量检验》(DL/T 5161.5—2018)。

(2)《电气装置安装工程　电缆线路施工及验收标准》(GB 50168—2018)。

(3)《额定电压 35 kV(U_m=40.5 kV)及以下热缩电缆附件技术规范》(T/CEC 119—2016)。

(二)天气及作业现场要求

(1)在工作中遇雷、雨、雪、5 级以上大风或其他任何情况威胁到作业人员的安全时,工作负责人或专职监护人可根据情况,临时停止工作。

(2)作业人员应精神状态良好,熟悉工作中保证安全的组织措施和技术措施;严禁酒后作业和作业中玩笑嬉闹。

(3)电缆终端施工所涉及的场地如高压室、开关站、电缆夹层、户外终端杆(塔)以及电缆接头施工所涉及的场地如工井、敞开井或沟(隧)道等的土建工作及装修工作应在电缆附件安装前完成。施工场地应清理干净,没有积水、杂物。

(4)土建设施设计应满足电缆附件的施工、运行及检修要求。

(5)电缆附件安装时应控制施工现场的温度、湿度与清洁度。温度宜控制在 0～35 ℃,相对湿度应控制在 70% 及以下或以供应商提供的标准为准。当浮尘较多、湿度较大或天气变化频繁时应搭制附件工棚进行隔离,并采取适当措施净化工棚内施工环境。

(三)准备工作

1.危险点及其预控措施

1)危险点——触电伤害

预控措施:电缆附件安装制作前,应将电缆与线路的连接断开或可靠接地,与带电部分的安全距离应满足安装规定要求。

2)危险点——高处坠落伤人

预控措施如下:

(1)高处作业人员登高前,必须具备符合本项作业要求的身体状况、精神状态和技能素质;

(2)作业人员超过 2 m 高必须使用安全带,安全带要高挂低用,必须系在牢固的主干上;

(3)监护人员应随时纠正其不规范或违章动作,重点关注作业人员在转位的过程中不得失去安全带或后备保护绳的保护,严禁低挂高用。

3)危险点——高处落物伤人

(1)高处作业人员的个人工具及零星材料应装入工具袋,严禁在高处浮置物件、口中含物;

(2)作业人员必须正确佩戴安全帽,正确使用绳结,与作业点垂直下方距离不得小于坠落半径;

(3)材料和工器具应采用安全可靠的传递方法,不得抛掷;

(4)作业现场设置围栏并挂好警示标志,监护人员应随时注意纠正作业人员的不规

范或违章动作,禁止非工作人员及车辆进入作业区域。

4)危险点——机械伤害

预控措施:用刀或其他切割工具时,正确控制切割方向;用电锯切割电缆时,工作人员必须戴保护眼镜;打磨绝缘时,必须佩戴口罩。

5)危险点——动火不当造成人身伤害

预控措施如下:

(1)施工现场必须配置2只专用灭火器。

(2)使用液化气枪应先检查液化气瓶减压阀是否漏气或堵塞,液化气管不能破裂,确保安全可靠。

(3)液化气枪点火时,火头不准对人,以免人员烫伤,其他工作人员应与火头保持一定距离。

(4)液化气枪使用完毕应放置在安全地点,冷却后装运;液化气瓶要轻拿轻放,不能同其他物体碰撞。

2.工器具及材料准备

10 kV单芯热缩式电缆终端头制作与安装所需要的工器具及材料见表4-24。

表4-24　10 kV单芯热缩式电缆终端头制作与安装所需要的工器具及材料

序号	名称	规格型号	单位	数量
1	热缩式10 kV电缆终端头	与电缆型号匹配	组	1
2	手用钢锯或电锯		把	1
3	钢丝钳		把	1
4	尖嘴钳		把	1
5	扁嘴钳		把	1
6	剪刀		把	1
7	卷尺	2 m	个	1
8	扁锉		把	1
9	砂布		张	适量
10	电工刀		把	1
11	手锤		把	1
12	电缆绝缘剥切工具		套	1
13	压接钳		套	1
14	喷灯或燃气喷枪		套	1
15	端子		只	3
16	钢丝刷		把	1
17	防护眼镜		副	2
18	烙铁		副	1

3. 作业人员分工

10 kV 单芯热缩式电缆终端头制作与安装共需要操作人员 2 名(工作负责人 1 名、操作人员 1 名),作业人员分工如表 4-25 所示。

表 4-25　10 kV 单芯热缩式电缆终端头制作与安装人员分工

序号	工作岗位	数量(人)	工作职责
1	工作负责人	1	负责本次工作任务的人员分工、工作前的现场查勘、现场复勘,办理作业票相关手续、召开工作班前会、落实现场安全措施,负责作业过程中的安全监督、工作中突发情况的处理、工作质量的监督、工作后的总结
2	操作人员	1	负责电缆附件制作与安装

(四)工作流程及操作示例

1. 工作流程

10 kV 单芯热缩式电缆终端头制作与安装工作流程如表 4-26 所示。

表 4-26　10 kV 单芯热缩式电缆终端头制作与安装工作流程

序号	作业内容	作业标准	安全注意事项
1	前期准备工作	(1)进行现场勘查。 (2)熟悉电缆附件安装说明书。 (3)编写施工作业指导书。 (4)及时进行技术交底。 (5)附件制作前,电缆应试验合格	(1)现场作业人员正确戴安全帽,穿工作服、工作鞋、戴劳保手套。 (2)现场调查至少 2 人进行。 (3)施工作业指导书应编写规范
2	工器具、材料的检查	对进入施工现场的机具、工器具及施工材料进行清点、检验或现场试验,确保施工工器具完好并符合相关要求,施工材料齐备	逐一清点工器具、材料的数量及型号
3	施工准备	(1)为便于操作,选好位置,将要进行施工的部分支架好,矫直电缆,擦去外护套上的污迹。 (2)将电缆断切面锯平	(1)支架应固定牢靠,避免制作过程中支架松动、倾倒造成人身伤亡。 (2)使用电动工具时应遵循相关使用规定

续表 4-26

序号	作业内容	作业标准	安全注意事项
4	剥除外护套	(1)按图纸尺寸剥除外护套,要求外护套切口平直。 (2)外护套断口以下 100 mm 内用砂纸打毛并清洁干净(见图 4-52)	
5	锯钢铠	(1)在外护套断口处缠绕恒力弹簧,绕向应与钢铠方向一致。要求恒力弹簧固定牢固、平齐。 (2)将钢铠处打磨处理。 (3)沿恒力弹簧锯钢铠。 (4)用螺丝刀将锯口撬起,用钳子撕下钢铠	锯断处的毛刺应打磨好。恒力弹簧要顺钢铠绕包方向,不能使钢铠松散
6	剥除内护套	按安装图纸预留一定内护套,其余剥除,清除填充材料	要求剥除时剥切口平齐且不得伤及铜屏蔽
7	焊接地线	(1)在铜屏蔽焊接处打磨处理并搪锡。在铜屏蔽焊接处焊接铜编织带。 (2)钢带上打磨处理搪锡,搪锡处纵向长不小于 30 mm。焊接铜编织带。 (3)用填充胶包绕两个来回,将焊接部位及衬垫层包覆住并将间缝隙填平,搭接外护套 10 mm(见图 4-53)。 (4)在填充胶外绕包一层绝缘自粘带,在电缆外护套与绝缘自粘带搭接处绕一层密封胶(见图 4-54)。 (5)热缩隔离绝缘管	(1)焊面不小于圆周的 1/3,焊接表面平整,结合紧密,过渡光滑,表面无毛刺。 (2)焊接时不得烫伤半导电层和绝缘层。 (3)在绕包第二层防水带时,把接地线夹在防水带当中,以防水汽沿接地线空隙渗入。 (4)热缩表面均匀,无毛刺、无气泡、无过热烧焦痕迹
8	剥除铜屏蔽带	按安装图纸要求保留一定铜屏蔽带,其余剥除	剥除时不得伤及绝缘屏蔽,剥切口平齐
9	剥除绝缘半导电屏蔽	按图纸要求保留一定半导电屏蔽,其余剥除;用工具对半导电层断口做倒角处理(见图 4-55)	剥除时不得伤及绝缘,剥切口平齐。不得有毛刺、尖端,不得将切口撕起

续表 4-26

序号	作业内容	作业标准	安全注意事项
10	剥切绝缘	自芯线端部量取线耳孔深+5 mm,剥除绝缘。严禁损伤导体,切口齐平。绝缘端面切削成铅笔头状,长度 30 mm(见图 4-56)	
11	打磨清洗绝缘表面	将绝缘表面打磨、清洗干净。要求绝缘表面不得有半导电颗粒、凹坑及刀痕。绝缘表面应干燥(见图 4-57)	(1)打磨绝缘层时注意不得打磨到半导电层。 (2)清洗方向从绝缘层到半导电层不得反向
12	热缩应力管、绝缘管	(1)将应力疏散胶拉伸缠绕在半导电层与主绝缘交接处,各搭接 5~10 mm。 (2)应力管、绝缘管按顺序套入规定位置,从下向上热缩。 (3)热缩应力疏散管后,在应力疏散管和主绝缘搭接处要拉伸缠绕应力疏散胶,各搭接 5~10 mm。 (4)绝缘管将有胶端朝向接地线侧。要求热缩均匀,表面光滑无气泡、无过热烧焦痕迹	收缩应力管和绝缘管前应在主绝缘层均匀涂覆一层硅脂
13	压接接线端子	(1)套入接线端子,进行压接,压钳吨位符合标准,压模与电缆一致。从导体末端开始依次压三模。 (2)将压接出的毛刺尖端挫平、打光,将金属粉末清理干净	
14	绕包热熔密封胶、安装密封管	将热熔密封胶填入接线端子端部与绝缘端部的缝隙中,包至接线端子压痕处。在密封胶外缠绕一层绝缘自粘带。热缩密封管,由上向下热缩	
15	热缩相色管	相色与电缆相色一致	
16	现场清理	工器具及剩余材料整理、清洁干净。工作现场做到工完料净、场地清	清理塔身遗留杂物,清洗塔身污垢,及时清理施工现场

2. 操作示例图

操作示例图见图 4-52~图 4-57。

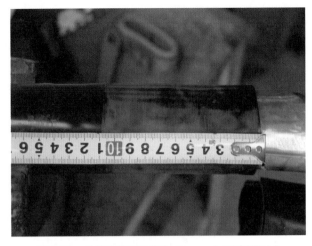

图 4-52　外护套断口以下 100 mm 内用砂纸打毛

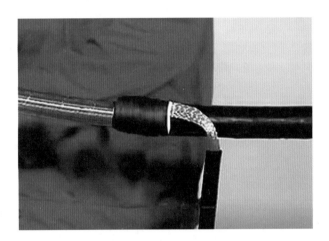

图 4-53　接地线填充绕包

图 4-54　接地线密封处理

六、10 kV 单芯热缩式电缆中间接头制作与安装

(一)引用的资料

(1)《电气装置安装工程质量检验及评定规程 第 5 部分:电缆线路施工质量检验》(DL/T 5161.5—2018)。

(2)《电气装置安装工程 电缆线路施工及验收标准》(GB 50168—2018)。

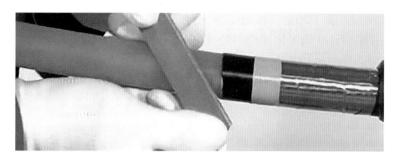

图 4-55　半导电层断口处理成小斜坡(倒角)

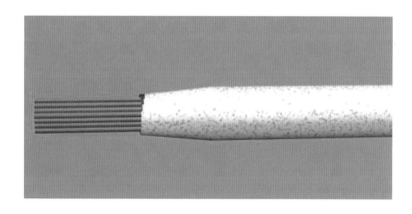

图 4-56　主绝缘断口切削反应力锥(铅笔头)

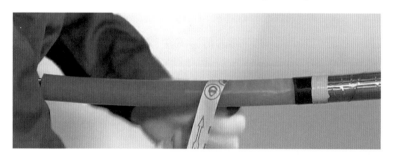

图 4-57　打磨绝缘表面

(3)《额定电压 35 kV(U_m = 40.5 kV)及以下热缩电缆附件技术规范》(T/CEC 119—2016)。

(二)天气及作业现场要求

(1)在工作中遇雷、雨、雪、5 级以上大风或其他任何情况威胁到作业人员的安全时,工作负责人或专职监护人可根据情况,临时停止工作。

(2)作业人员应精神状态良好,熟悉工作中保证安全的组织措施和技术措施;严禁酒后作业和作业中玩笑嬉闹。

(3)电缆终端施工所涉及的场地如高压室、开关站、电缆夹层、户外终端杆(塔)以及电缆接头施工所涉及的场地如工井、敞开井或沟(隧)道等的土建工作及装修工作应在电缆附件安装前完成。施工场地应清理干净,没有积水、杂物。

(4)土建设施设计应满足电缆附件的施工、运行及检修要求。

(5)电缆附件安装时应控制施工现场的温度、湿度与清洁度。温度宜控制在 0~35 ℃,相对湿度应控制在 70%及以下或以供应商提供的标准为准。当浮尘较多、湿度较大或天气变化频繁时应搭制附件工棚进行隔离,并采取适当措施净化工棚内施工环境。

(三)准备工作

1.危险点及其预控措施

1)危险点——触电伤害

预控措施:电缆附件安装制作前,应将电缆与线路的连接断开或可靠接地,与带电部分的安全距离应满足安装规定要求。

2)危险点——高处坠落伤人

预控措施如下:

(1)高处作业人员登高前,必须具备符合本项作业要求的身体状况、精神状态和技能素质;

(2)作业人员超过 2 m 高必须使用安全带,安全带要高挂低用,必须系在牢固的主干上;

(3)监护人员应随时纠正其不规范或违章动作,重点关注作业人员在转位的过程中不得失去安全带或后备保护绳的保护,严禁低挂高用。

3)危险点——高处落物伤人

(1)高处作业人员的个人工具及零星材料应装入工具袋,严禁在高处浮置物件、口中含物;

(2)作业人员必须正确佩戴安全帽,正确使用绳结,与作业点垂直下方距离不得小于坠落半径;

(3)材料和工器具应采用安全可靠的传递方法,不得抛掷;

(4)作业现场设置围栏并挂好警示标志,监护人员应随时注意纠正作业人员的不规范或违章动作,禁止非工作人员及车辆进入作业区域。

4)危险点——机械伤害

预控措施:用刀或其他切割工具时,正确控制切割方向;用电锯切割电缆时,工作人员必须戴保护眼镜;打磨绝缘时,必须佩戴口罩。

5)危险点——动火不当造成人身伤害

预控措施如下:

(1)施工现场必须配置 2 只专用灭火器。

(2)使用液化气枪应先检查液化气瓶减压阀是否漏气或堵塞,液化气管不能破裂,确保安全可靠。

(3)液化气枪点火时,火头不准对人,以免人员烫伤,其他工作人员应与火头保持一定距离。

(4)液化气枪使用完毕应放置在安全地点,冷却后装运;液化气瓶要轻拿轻放,不能同其他物体碰撞。

2.工器具及材料准备

10 kV 单芯热缩式电缆中间接头制作与安装所需要的工器具及材料见表4-27。

表 4-27　10 kV 单芯热缩式电缆中间接头制作与安装所需要的工器具及材料

序号	名称	规格型号	单位	数量
1	热缩式 10 kV 电缆中间接头	与电缆型号匹配	组	1
2	手用钢锯或电锯		把	1
3	钢丝钳		把	1
4	尖嘴钳		把	1
5	扁嘴钳		把	1
6	剪刀		把	1
7	卷尺	2 m	个	1
8	扁锉		把	1
9	砂布		张	适量
10	电工刀		把	1
11	手锤		把	1
12	电缆绝缘剥切工具		套	1
13	压接钳		套	1
14	喷灯或燃气喷枪		套	1
15	端子		只	3
16	钢丝刷		把	1
17	防护眼镜		副	2
18	烙铁		副	1

3. 作业人员分工

10 kV 单芯热缩式电缆中间接头制作与安装共需要操作人员 2 名(工作负责人 1 名、操作人员 1 名),作业人员分工如表 4-28 所示。

表 4-28　10 kV 单芯热缩式电缆中间接头制作与安装人员分工

序号	工作岗位	数量(人)	工作职责
1	工作负责人	1	负责本次工作任务的人员分工、工作前的现场查勘、现场复勘,办理作业票相关手续、召开工作班前会、落实现场安全措施,负责作业过程中的安全监督、工作中突发情况的处理、工作质量的监督、工作后的总结
2	操作人员	1	负责电缆附件制作与安装

(四)工作流程及操作示例

1. 工作流程

10 kV 单芯热缩式电缆中间接头制作与安装工作流程如表 4-29 所示。

表 4-29　10 kV 单芯热缩式电缆中间接头制作与安装工作流程

序号	作业内容	作业标准	安全注意事项
1	前期准备工作	(1)进行现场勘查。 (2)熟悉电缆附件安装说明书。 (3)编写施工作业指导书。 (4)及时进行技术交底。 (5)附件制作前,电缆应试验合格	(1)现场作业人员正确戴安全帽,穿工作服、工作鞋,戴劳保手套。 (2)现场调查至少2人进行。 (3)施工作业指导书应编写规范
2	工器具、材料的检查	对进入施工现场的机具、工器具及施工材料进行清点、检验或现场试验,确保施工工器具完好并符合相关要求,施工材料齐备	逐一清点工器具、材料的数量及型号
3	施工准备	(1)为便于操作,选好位置,将要进行施工的部分支架好,矫直电缆,擦去外护套上的污迹。 (2)如果电缆线芯锯口不在同一平面上或导体切面凹凸不平应锯平,确定对接中心点和 A 段、B 段尺寸	(1)支架应固定牢靠,避免制作过程中支架松动、倾倒造成人身伤亡。 (2)使用电动工具时应遵循相关使用规定
4	剥除外护套	(1)按图纸尺寸剥除外护套,要求外护套切口平直。将热缩外户套管套入两端电缆上。 (2)外护套断口以下 100 mm 内用砂纸打毛并清洁干净(见图 4-58)	
5	锯钢铠	(1)在外护套断口处缠绕恒力弹簧,绕向应与钢铠方向一致。要求恒力弹簧固定牢固、平齐。 (2)将钢铠处打磨处理。 (3)沿恒力弹簧锯钢铠。 (4)用螺丝刀将锯口撬起,用钳子撕下钢铠	锯断处的毛刺应打磨好。恒力弹簧要顺钢铠绕包方向,不能使钢铠松散
6	剥除内护套	按安装图纸预留一定内护套,其余剥除,清除填充材料	要求剥除时剥切口平齐且不得伤及铜屏蔽
7	重新整型核准尺寸	两端电缆各相分别对上核准 A 段、B 段尺寸,重画中心线,锯去多余芯线	
8	剥除铜屏蔽带	按图纸要求保留一定铜屏蔽带,其余剥除	剥除时不得伤及绝缘屏蔽,剥切口平齐

续表 4-29

序号	作业内容	作业标准	安全注意事项
9	剥除绝缘半导电屏蔽	按图纸要求保留一定半导电屏蔽,其余剥除;用工具对半导电层断口做倒角处理(见图 4-59)	剥除时不得伤及绝缘,剥切口平齐。不得有毛刺、尖端,不得将切口撕起
10	剥切绝缘	自芯线端部量取 1/2 连接管长+5 mm,剥除电缆绝缘,要求剥切时严禁损伤线芯导体,端部削成铅笔头状(见图 4-60)。	
11	打磨清洗绝缘表面	将绝缘表面打磨、清洗干净。要求绝缘表面不得有半导电颗粒、凹坑及刀痕。绝缘表面应干燥(见图 4-61)	(1)打磨绝缘层时注意不得打磨到半导电层。 (2)清洗方向从绝缘层到半导电层不得反向
12	套入热缩组件	按先内后外次序将热缩组件依次预先套入各种不同用途的热缩管及铜网	
13	导体压接	(1)清洗导体,清洁连接管。 (2)套入连接管进行压接。压痕间距约 4 mm。压钳吨位要符合标准,模具要与电缆规格一致,压接顺序为先压中间,再压两端。 (3)将压痕毛刺、尖端搓平、打光,将金属粉末清理干净	
14	再次清洁电缆绝缘及连接管	将绝缘表面、半导电表面清洁干净,连接管单独清洁	注意清洁擦抹方向从绝缘层到半导电层,不得反向
15	绕包半导电带	用半导电带将接管与绝缘之间的间隙、接管凹下部分绕包齐整、平滑,并使 A 段、B 段内半导电层连通,半导电带不得绕包至绝缘体上	
16	绕包绝缘自粘带	按图纸要求绕包绝缘自粘带,保证足够绝缘厚度	
17	热缩应力管、内绝缘管、外绝缘管、外导电管	(1)将应力疏散胶拉伸缠绕在半导电层与主绝缘交接处,各搭接 5~10 mm。 (2)应力管、绝缘管按顺序套入规定位置,从下向上热缩。 (3)热缩应力疏散管后,在应力疏散管和主绝缘搭接处要拉伸缠绕应力疏散胶,各搭接 5~10 mm。 (4)严格按图纸尺寸要求将各种不同用途的热缩管收缩在规定的位置上	收缩应力管和绝缘管前应在主绝缘层均匀涂覆一层硅脂

续表 4-29

序号	作业内容	作业标准	安全注意事项
18	焊接铜屏蔽网	(1)在铜屏蔽上焊接铜网处打磨干净,铜屏蔽焊接处进行镀锡处理。 (2)将铜网绕包在外导电管上,搭接两端铜屏蔽镀锡处。 (3)将铜网、铜屏蔽绑扎在一起,焊接牢固。焊接表面平整、结合紧密,与铜屏蔽过渡光滑、无台阶、无缝隙、无毛刺	焊接时不得烧伤半导电层。在焊接处绕包两层半导电带
19	绕包 PVC 胶带	在接头外半重叠绕包两层 PVC 胶带,搭接两端内护套 10 mm	
20	焊接地线	(1)在钢铠焊接处进行镀锡处理。 (2)将接地线焊接在两端电缆钢铠上,焊接方法正确。焊接表面平整、结合紧密,与钢铠过渡光滑、无台阶、无缝隙、无毛刺	(1)焊面不小于圆周的 1/3,焊接表面平整、结合紧密、过渡光滑、表面无毛刺。 (2)焊接时不得烧伤其他部分,用白纱带从两端焊地线处绕包两层
21	热缩外护套	将两端电缆外护套各打磨 100 mm,拉出热缩外护套,搭接电缆外护套 100 mm,两热缩管护套搭接 200 mm,搭接处绕包 4~5 层热熔胶,进行热缩	要求缓慢均匀加热收缩,表面光滑、无气泡、无过热烧焦痕迹
22	绕包防水带	在热缩外护套断口处绕包 2~3 层护水带,要求前后搭接各 5 mm,绕包搭接均匀,拉力合适	
23	现场清理	工器具及剩余材料整理、清洁干净。工作现场做到工完料净、场地清	清理塔身遗留杂物,清洗塔身污垢,及时清理施工现场

2. 操作示例图

操作示例图见图 4-58~图 4-61。

七、10 kV 绕包式电缆中间接头制作与安装

本节主要介绍 10 kV 绕包式电缆中间接头制作工艺流程与安装质量要求,以 10 kV 交联聚乙烯三芯电缆为例。

(一)引用的资料

(1)《电力安全工作规程 电力线路部分)》(GB 26859—2011)。

(2)《中压电力电缆技术培训教材》。

(3)《电力电缆施工运行与维护》。

图 4-58　外护套断口以下 100 mm 内用砂纸打毛

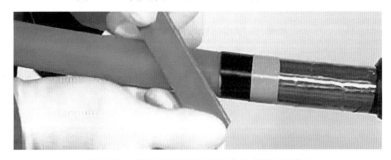

图 4-59　半导电层断口处理成小斜坡(倒角)

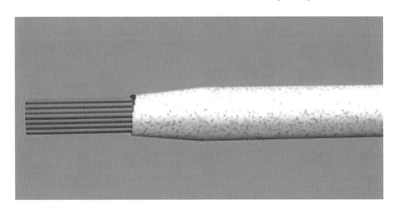

图 4-60　主绝缘断口切削成反应力锥(铅笔头)

(二)天气及作业现场要求

(1)施工场地应清理干净,温度、湿度与清洁度应符合要求(温度宜控制在 0~35 ℃,相对湿度应控制在 70%及以下或以附件厂家提供的标准为准)。当浮尘较多、湿度较大或天气变化频繁时,应搭制附件工棚进行隔离,并采取适当措施净化工棚内施工环境。

(2)作业人员应精神状态良好,熟悉工作中保证安全的组织措施和技术措施;严禁酒后作业和作业中玩笑嬉闹。

图 4-61　打磨主绝缘表面

（3）施工完毕应做到工完料净、场地清。

（三）准备工作

1. 危险点及其预控措施

1）危险点——机械伤害、刀伤

预控措施：作业人员必须戴安全帽、手套等防护用品，正确使用工器具。

2）危险点——电缆挤伤、砸伤人员

预控措施：电缆必须固定可靠。

3）危险点——触电伤害

预控措施：确认电缆不带电，安全措施正确、完备。

2. 工器具及材料准备

检查本次工作所需要的工器具与终端配件是否齐全，核对电缆附件与电缆是否匹配（见表 4-30、表 4-31）。

表 4-30　常用工器具

序号	名称	规格	单位	数量
1	电锯		把	1
2	美工刀		把	1
3	电动液压接钳	六角模及圆模	台	1
4	平口钳		把	1
5	手工锯		把	1
6	卷尺	5 m	支	1
7	游标卡尺		把	1
8	温度计		支	1
9	湿度计		支	1
10	锉刀		把	1
11	钢丝刷		把	1
12	平口改刀		把	1

表 4-31　附件安装除厂家供应外还需准备的材料

序号	名称	规格	单位	数量
1	锯条		根	2
2	电缆清洁纸		袋	1
3	保鲜膜		卷	2
4	砂纸	120#、240#、400#、600#	张	各 2 张
5	PVC 胶带		卷	5
6	无水酒精	纯度 99.7%	瓶	1
7	手套		双	4
8	记号笔		支	1

3. 作业人员分工

10 kV 绕包式电缆中间接头制作与安装共需要操作人员 4 名(工作负责人 1 名、安全监护人员 1 名、操作人员 2 名),作业人员分工如表 4-32 所示。

表 4-32　10 kV 绕包式电缆中间接头制作与安装人员分工

序号	工作岗位	数量(人)	工作职责
1	工作负责人 (现场总指挥)	1	负责本次工作任务的人员分工、工作前的现场查勘、现场复勘,办理作业票相关手续、召开工作班前会、落实现场安全措施,负责作业过程中的安全监督、工作中突发情况的处理、工作质量的监督、工作后的总结
2	安全监护人员(安全员)	1	各危险点的安全检查和监护
3	操作人员	2	负责电缆绕包中间接头制作与安装

(四)工作流程及操作示例

1. 工作流程

10 kV 绕包式电缆中间接头制作与安装工作流程如表 4-33 所示。

表 4-33　10 kV 绕包式电缆中间接头制作与安装工作流程

序号	作业内容	作业标准	安全注意事项
1	前期准备工作	(1)进行详细的现场勘查。 (2)编写工作票及施工作业指导书。 (3)及时进行技术交底	(1)现场作业人员正确戴安全帽,穿工作服、工作鞋,戴劳保手套。 (2)工作票所列安全措施正确、完备。 (3)施工作业指导书应编写规范

续表 4-33

序号	作业内容	作业标准	安全注意事项
2	施工准备	(1)作业人员精神、身体状态良好。 (2)施工场地温度、湿度与清洁度应符合要求。 (3)对进入施工现场的机具、工器具进行清点、检验或现场试验，确保施工工器具完好并符合相关要求；检查工器具与终端配件是否齐全，核对电缆附件与电缆是否匹配。 (4)仔细阅读安装说明书	(1)不安排精神状态不佳、思想情绪异常、疲劳、酒后等影响安全工作的人员参加工作。 (2)温度宜控制在 0~35 ℃，相对湿度应控制在 70% 及以下或以附件厂家提供的标准为准。当浮尘较多、湿度较大或天气变化频繁时，应搭制附件工棚进行隔离，并采取适当措施净化工棚内施工环境。 (3)逐一清点工器具、材料的数量及型号
3	剥外护套	(1)将电缆矫直、擦净，将待对接电缆端部重叠约 300 mm，在外护套切断处做好标记（按照安装说明书执行）（见图 4-62）。 (2)外护套切口平整	(1)电缆表面应擦拭干净，护套断口以下 100 mm 内用砂纸打毛并清洁干净（按照安装说明书执行）。 (2)电缆外护套切口应平整。 (3)保留端部部分外护套，防止钢铠松散伤人（见图 4-63）
4	剥切钢铠	(1)恒力弹簧固定钢铠，锯一环形深痕（约为钢铠厚度的 2/3），留钢铠 30 mm，用一字螺丝刀翘起，再用钳子拉开（按照安装说明书执行）。 (2)切口平整无尖端	(1)处理钢铠层上的油漆、铁锈，并用锉刀（或钢丝刷）打毛，剥切时不得伤及下一层且钢铠不能松脱。 (2)剥切尺寸符合要求，切口平整无尖端
5	剥切内护套及填充物	(1)剥除内护套及填充物（按照安装说明书执行）。 (2)内护套、填充物切口应平整。 (3)按安装说明书尺寸锯除三相多余电缆，电缆三相端部应齐平	(1)内护套切口平整，不得损伤铜屏蔽。 (2)填充物剥切应注意刀口向外，保证切口平整，不得损伤铜屏蔽。 (3)每相电缆端部铜屏蔽用 PVC 胶带包扎（顺铜屏蔽缠绕方向），铜屏蔽不得松散，不得存在严重褶皱、变形

续表 4-33

序号	作业内容	作业标准	安全注意事项
6	剥切铜屏蔽层、外半导电层及主绝缘	(1)剥切尺寸符合要求(按照安装说明书执行)。 (2)在三相铜屏蔽上分别包绕与原电缆相序相对应的PVC胶带。 (3)线芯端部用PVC胶带粘面朝外缠绕保护	(1)剥切铜屏蔽层时不得损伤外半导电层,切口平整无尖端毛刺、无飞边。 (2)剥切外半导电层时不得损伤绝缘层,断口圆滑、平整无气隙。 (3)剥除线芯绝缘层时不能划伤线芯且线芯不得松散
7	切削反应力锥(铅笔头)	(1)切削反应力锥(铅笔头)(按照安装说明书执行)(见图4-64)。 (2)保留的内半导电层尺寸符合安装说明书要求	(1)切削反应力锥时不得伤及内半导电层及线芯。 (2)反应力锥用砂纸打磨圆滑、平整
8	外半导电层断口及主绝缘表面处理	(1)外半导电层端口应平齐,与绝缘层圆滑过渡。 (2)主绝缘表面刀痕、凹槽、半导电颗粒处理(见图4-65)。 (3)绝缘层打磨完毕后应使用游标卡尺测量绝缘外径,应符合安装说明书要求	(1)外半导电层端部切削打磨时,注意不得损伤绝缘层,打磨半导电层的砂纸不得用来打磨绝缘层。 (2)用砂纸打磨绝缘层时,使用砂纸应按型号从大(粗)到小(细)顺序打磨,将半导电层残留打磨干净且刀痕、凹槽打磨圆滑、平整。 (3)打磨完毕后应抛光再用清洁纸对表面进行清洁,清洁方向应从绝缘层向半导电层清洁,不能来回清洁
9	套入铜网套	将电缆绝缘用新保鲜膜临时保护好,以防碰伤和灰尘、杂物落入,保持环境清洁(见图4-66)	将铜网套套入一端相线上,临时收拢绑扎,不影响后续带材绕包
10	对接管压接	(1)压接前对接管应画印且应先压中间后压两端,保持压力10~15 s再松开压模。 (2)连接管压接时,两端线芯应顶牢,不得松动。核对绝缘之间的距离与连接管长度是否到位(按照安装说明书执行)	(1)打磨线芯氧化层,线芯端部不应有尖端、毛刺,清洁线芯及线芯上的半导电残留物。 (2)清洁对接管内壁氧化层,压接后打磨对接管上的压痕及尖角,使其光滑并清洗干净

续表 4-33

序号	作业内容	作业标准	安全注意事项
11	外半导电层断口应力处理、绕包绝缘层及恢复外半导电层	(1)在对接管表面绕包半导电带(半重叠一个来回),确保与内半导电层充分搭接(见图4-67)。 (2)在外半导电层断口绕包半导电带、应力控制带。 (3)用卡尺测量电缆绝缘层的直径最大值 d,绕包绝缘带,直至绝缘外径包至 d+24 mm,绝缘带覆盖应力控制带外至两侧铜屏蔽带各 5 mm处,两端应用斜坡平滑过渡,斜坡长度为 30~40 mm。 (4)半搭叠绕包半导电带一个来回,半导电带搭叠绝缘带外两侧铜屏蔽带各 5 mm	外半导电层断口应力处理、绕包绝缘、恢复外半导电层应符合工艺要求(按照安装说明书执行)(见图4-68)
12	恢复铜屏蔽层	将铜网套拉到接头中间,套在整个接头外部并与接头电缆绝缘屏蔽层(半导电层)表面紧密贴合,同时搭叠在电缆铜屏蔽带上,采用焊接连接(如采用恒力弹簧连接,两端在电缆铜屏蔽带 30 mm 左右用恒力弹簧先缠绕固定一圈,然后将铜网套的两端反折到恒力弹簧里,再将恒力弹簧全部绕紧固定)(见图4-69)	(1)按照安装说明书执行。 (2)恒力弹簧、铜网套端部用PVC胶带缠绕覆盖
13	恢复内护套层	将三相并拢,用白纱带捆扎绑紧,且半重叠来回绕包4层。用绝缘砂纸将两端内护套断口向外 60 mm 打毛,清洁内护套打毛处,从一侧内护套断口向外 60 mm 处开始,到另一侧内护套断口向外 60 mm 之间,半重叠绕包防水带一个来回(见图4-70)	(1)按照安装说明书执行。 (2)防水胶带的胶粘层应紧贴内护套
14	恢复钢铠层	铜编织带用恒力弹簧固定在两端钢铠层上并缠绕紧密	(1)在恒力弹簧上缠绕一层PVC胶带。 (2)铜网套(铜屏蔽层)、铜编织带(钢铠层)要求相互绝缘

续表 4-33

序号	作业内容	作业标准	安全注意事项
15	恢复外护套层	从一端外护套层至另一端外护套层用防水胶带拉伸 200%，采用半搭接方式缠绕紧密一个来回，搭接外护套约 120 mm	按照安装说明书执行
16	铠装带安装	(1) 铠装带采用半搭接方式缠绕紧密。 (2) 铠装带尾部用宽 PVC 胶带缠绕一层。必须在铠装带胶层完全固化后，方可移动接头	按照安装说明书执行
17	安全文明施工及现场清理	(1) 工具、材料不应掉落地面。 (2) 正确使用工具。 (3) 操作过程中不得有划伤伤害。 (4) 工具不得损坏。 (5) 安装完成后及时清理现场，做到工完料净、场地清	清洁成品，电缆接头固定及挂标志牌，及时清理施工现场

2. 操作示例图

操作示例图见图 4-62~图 4-70。

图 4-62　电缆矫直、擦净，将待对接电缆端部重叠

(五) 相关知识

10 kV 绕包式电缆中间接头制作工艺适用于 10 kV 交联电缆。

电力电缆基础知识及施工技术

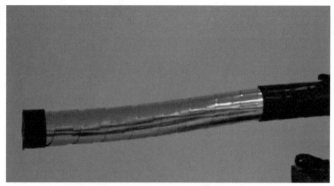

图 4-63　保留端部部分外护套,防止钢铠松散伤人

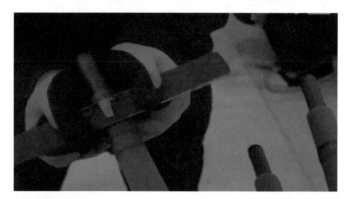

图 4-64　切削反应力锥(铅笔头)

图 4-65 打磨主绝缘表面刀痕、凹槽、半导电颗粒

图 4-66 将电缆绝缘用新保鲜膜临时保护好

图 4-67 在对接管表面绕包半导电带(半重叠一个来回)

图 4-68 外半导电层断口应力处理、绕包绝缘、恢复外半导电层

续图 4-68

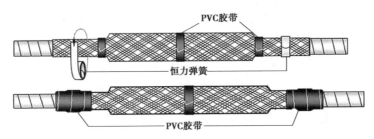

图 4-69　恢复铜屏蔽层示意图

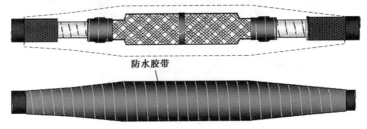

图 4-70　恢复内护套层示意图

第五节　35 kV 电缆终端头和中间接头制作

一、35 kV 热缩式电缆终端头制作与安装

本节主要以 35 kV 交联聚乙烯三芯电缆为例,介绍 35 kV 热缩式电缆终端头制作工艺流程与安装质量要求。

(一)引用的资料

(1)《电力安全工作规程 电力线路部分》(GB 26859—2011)。

(2)《电力安全工作规程 发电厂和变电站电气部分》(GB 26860—2011)。

(3)《中压电力电缆技术培训教材》。

(4)《电力电缆施工运行与维护》。

(5)《额定电压 1 kV($U_\mathrm{m}=1.2$ kV)到 35 kV($U_\mathrm{m}=40.5$ kV)挤包绝缘电力电缆及附件 第 3 部分:额定电压 35 kV($U_\mathrm{m}=40.5$ kV)电缆》(GB/T 12706.3—2020)。

(6)《额定电压 1 kV($U_\mathrm{m}=1.2$ kV)到 35 kV($U_\mathrm{m}=40.5$ kV)挤包绝缘电力电缆及附件 第 4 部分:额定电压 6 kV($U_\mathrm{m}=7.2$ kV)到 35 kV($U_\mathrm{m}=40.5$ kV)电力电缆附件试验要求》(GB/T 12706.4—2020)。

(7)《额定电压 6 kV($U_\mathrm{m}=7.2$ kV)到 35 kV($U_\mathrm{m}=40.5$ kV)电力电缆附件试验方法》(GB/T 18889—2002)。

(8)《额定电压 1 kV($U_\mathrm{m}=1.2$ kV)到 35 kV($U_\mathrm{m}=40.5$ kV)电力电缆热收缩式终端》(JB/T 7829—2006)。

(9)《额定电压 35 kV($U_\mathrm{m}=40.5$ kV)及以下热缩式电缆附件安装规程》(DL/T 5757—2017)。

(二)天气及作业现场要求

1. 安装环境要求

(1)电缆终端头施工所涉及场地如高压室、开关站、电缆夹层、户外终端杆(塔)等的土建工作及装修工作应在电缆终端头安装前完成。施工场地应清理干净,没有积水、杂物。

(2)电缆终端头安装时,应严格控制施工现场的温度、湿度和清洁度。温度宜控制在 0~35 ℃,相对湿度应控制在 70% 及以下或以附件厂家提供的工艺要求为准。当浮尘较多、湿度较大或天气变化频繁时应搭制附件工棚进行隔离,并采取适当措施净化施工环境。

2. 安装质量要求

(1)电缆附件安装质量应满足以下要求:导体连接可靠、绝缘恢复满足设计要求、密封防水牢靠、防止机械振动与损伤、接地连接可靠且符合线路接地设计要求。

(2)电缆附件安装质量应满足工井或电缆通道防火封堵的要求,并与周边环境协调。

(3)电缆附件安装范围的电缆必须矫直、固定,还应检查电缆敷设弯曲半径是否满足要求。

(4)电缆附件安装时应确保接地线连接处密封牢靠,无潮气进入。

(5)电缆终端安装完成后应检查相间及对地距离是否符合安全规定要求。

3. 安全环境要求

(1)电缆附件安装措施应符合 GB 26859—2011 和 GB 26860—2011 的规定。

(2)电缆附件安装消防措施应满足施工所处环境的消防要求,施工现场应配备足够的消防器材。施工现场动火应严格按照有关动火作业消防管理规定执行。

(3)电缆附件施工完成后,应拆除施工用电源,清理施工现场,分类处理施工垃圾,确保施工不污染环境。

(三)准备工作

1. 危险点及其预控措施

1)危险点——机械伤害、刀伤

预控措施如下:

(1)作业人员必须戴安全帽、手套等防护用品,正确使用工器具;

(2)用刀或其他切割工具时,正确控制切割方向。

2)危险点——电缆挤伤、砸伤人员

预控措施如下:

(1)电缆必须固定可靠;

(2)搬运电缆附件人员应相互配合,轻搬轻放,不得抛接。

3)危险点——触电伤害

预控措施如下:

(1)确认电缆不带电,安全措施正确、完备;

(2)使用移动电气设备时必须装设漏电保护器。

4)危险点——人员烧伤、烫伤

预控措施:使用液化气枪应先检查液化气瓶、减压阀,点火时火头不准对人,以免人员烫伤,其他工作人员应与火头保持一定距离,用后及时关闭阀门。

2. 工器具及材料准备

检查本次工作所需要的工器具与终端配件是否齐全,核对电缆附件与电缆是否匹配(见表 4-34、表 4-35)。

表 4-34　常用工器具

序号	名称	规格型号	单位	数量
1	电锯		台	1
2	美工刀		把	1
3	电动液压接钳	六角模及圆模	台	1
4	平口钳		把	1
5	游标卡尺		把	1
6	手工锯		把	1
7	卷尺	5 m	支	1

续表 4-34

序号	名称	规格型号	单位	数量
8	手锤		把	1
9	温度计		支	1
10	湿度计		支	1
11	锉刀		把	1
12	钢丝刷		把	1
13	平口螺丝刀		把	1
14	烙铁		把	1
15	燃气罐、喷枪		套	1
16	焊锡丝		卷	1
17	焊锡膏		盒	1

表 4-35　附件安装除厂家供应外还需准备的材料

序号	名称	规格型号	单位	数量
1	锯条		根	2
2	电缆清洁纸		袋	1
3	砂纸	120#、240#、400#、600#	张	各 2 张
4	PVC 胶带		卷	5
5	无水酒精	纯度 99.7%	瓶	1
6	手套		双	4
7	记号笔		支	1
8	密封带		卷	
9	铜绑线		根	

3. 作业人员分工

35 kV 热缩式电缆终端头制作与安装共需要操作人员 3 名(工作负责人 1 名、安全监护人员 1 名、操作人员 1 名),作业人员分工如表 4-36 所示。

(四) 工作流程及操作示例

1. 工作流程

35 kV 热缩式电缆终端头制作与安装工作流程如表 4-37 所示。

表 4-36　35 kV 热缩式电缆终端头制作与安装人员分工

序号	工作岗位	数量(人)	工作职责
1	工作负责人 （现场总指挥）	1	负责本次工作任务的人员分工、工作前的现场查勘、现场复勘,办理作业票相关手续、召开工作班前会、落实现场安全措施,负责作业过程中的安全监督、工作中突发情况的处理、工作质量的监督、工作后的总结
2	安全监护人员(安全员)	1	各危险点的安全检查和监护
3	操作人员	1	负责电缆终端头制作与安装

表 4-37　35 kV 热缩式电缆终端头制作与安装工作流程

序号	作业内容	作业标准
1	施工前准备	(1)安装电缆附件前,应做好施工用工器具检查,确保施工用工器具齐全完好、干净整洁、便于操作。 (2)安装电缆附件前,应做好施工用电源及照明检查,确保施工用电源及照明设备能够正常工作。 (3)电缆附件安装现场作业指导书、合格证等资料应齐全
2	电缆终端 构架安装检查	(1)电缆构架尺寸规格符合施工图纸要求。 (2)构架安装应牢固可靠。 (3)对安装环境进行拍照,应至少包含以下信息:安装时间、环境温度和湿度、整体安装背景
3	电缆检查	(1)核对施工图纸,电缆相位是否正确。 (2)检查电缆的弯曲半径是否符合要求,并确认电缆无损伤、受潮现象。 (3)将电缆端部锯整齐
4	电缆附件检查	(1)电缆附件规格应与电缆匹配,零部件应齐全、无损伤,绝缘材料不应受潮、过期。 (2)各类消耗材料应备齐。清洁绝缘表面的溶剂宜遵循工艺要求准备齐全。 (3)支架定位安装完毕,确保作业面水平
5	剥除电缆 护套、铠装	(1)先将电缆临时固定于运行位置并调直,做好位置标记,再将电缆移至临时施工位置并固定。 (2)检查电缆长度,确保在制作电缆附件时有足够的长度和适当的裕量。 (3)根据安装工艺要求确定的位置剥除电缆外护套。 (4)根据安装工艺要求确定的位置剥除铠装,绑扎端部,并挫亮铠装。 (5)剥去电缆内护层及填充料。用相色带将电缆三相端头铜屏蔽层固定好

续表 4-37

序号	作业内容	作业标准
6	接地线处理	(1)用恒力弹簧或焊接方式将铜编织带固定在铠装和三相铜屏蔽层上,打平尖角和毛刺,此处接地线不可短接。 (2)套上热缩三叉指套,根据安装位置、尺寸及布置形式将三相电缆排列好
7	安装指套	套入指套至分支根部,由指套中部向两端加热收缩
8	切除铜屏蔽、绝缘屏蔽和绝缘	(1)根据安装工艺要求确定的尺寸切除电缆金属屏蔽层,切除内护层时不得伤及电缆金属屏蔽层。 (2)根据安装工艺要求确定的尺寸切除绝缘屏蔽,勿划伤主绝缘。 (3)根据安装工艺要求确定的尺寸剥除电缆绝缘
9	半导电屏蔽层断口、主绝缘处理	(1)绝缘层屏蔽末端应进行倒角处理,与绝缘层间应形成平滑过渡,如附件供应商另有工艺规定,应严格按照工艺指导书操作。打磨过绝缘屏蔽的砂纸禁止再用来打磨电缆绝缘。处理完成好的屏蔽层断口应齐整,不应有凹槽、缺口或凸起。 (2)电缆绝缘表面应进行打磨抛光处理,一般宜采用240#至400#及以上砂纸。初次打磨可使用打磨机或240#砂纸进行粗抛,并按照由小至大的顺序选择砂纸进行打磨。打磨时每一号砂纸应从两个方向打磨,直到上一号砂纸的痕迹消失。 (3)打磨处理后应测量绝缘表面直径,宜选择两个测量点,轴向测量角度间隔90°,确保绝缘表面直径达到工艺图纸所规定的尺寸范围,测量完毕应再次打磨抛光测量点,去除痕迹。 (4)打磨抛光处理完毕后,绝缘表面应无目视可见的颗粒、划痕、杂质、凹槽或凸起
10	收缩热缩管材	(1)缠绕应力疏散胶,搭接绝缘层及外半导电层。 (2)在绝缘层表面均匀薄涂一层硅脂。 (3)收缩应力管,并用应力疏散胶将应力管与绝缘体间的台阶填平。 (4)套入绝缘管至指套根部,由根部自下往上环绕加热固定
11	安装接线端子	安装导体接线端子,按规定压接,如有毛刺则打磨处理,清洁干净
12	安装密封及相色管	(1)在接线端子根部与电缆导体的缝隙处,填充填充胶及密封胶。 (2)分别在电缆各相套入密封管加热固定,套入相色管加热收缩
13	安装伞裙	根据工艺需求安装伞裙
14	安全文明施工及现场清理	(1)将电缆终端可靠固定在电缆支架上。 (2)对整体安装情况进行拍照。 (3)清理所有安装工具并打扫干净现场

2. 操作示例图

导体压接时压接顺序和压痕距离如图 4-71 和表 4-38 所示。

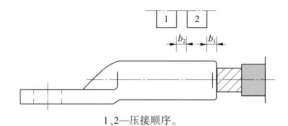

1、2—压接顺序。

图 4-71　压接时的压接顺序和压痕距离

表 4-38　压痕间距及其与圆筒端部距离尺寸　　　　　（单位:mm）

导体标称截面面积（mm²）	铜压接圆筒		铝压接圆筒	
	与圆筒端部距离 b_1	压痕间距 b_2	与圆筒端部距离 b_1	压痕间距 b_2
10	3	3	3	3
16	3	4	3	3
25	3	4	3	3
35	3	4	3	3
50	3	4	5	3
70	3	5	5	3
95	3	5	5	3
120	3	5	5	4
150	4	6	5	4
185	4	6	5	5
240	4	6	6	5
300	5	7	7	6
400	8	7	7	6

35 kV 电缆终端运行最小净距要求（见图 4-72）为:终端主体对同相裸导体的最小净距 A 为 330 mm;终端主体对异相裸导体最小净距 B 为 457 mm;终端主体上端对地及相间距最小净距 C 为 50 mm;终端主体下端对地及相间距最小净距 D 为 35 mm。

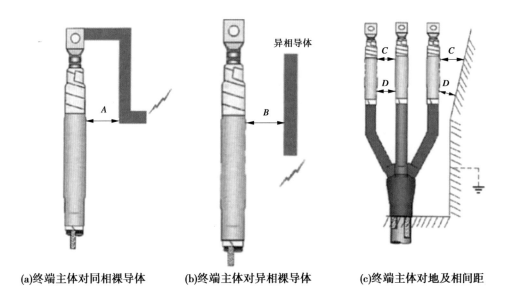

(a)终端主体对同相裸导体　　(b)终端主体对异相裸导体　　(c)终端主体对地及相间距

图 4-72　电缆终端运行最小净距要求

(五) 相关知识

35 kV 热缩式电缆终端头制作工艺适用于 35 kV 及以下交联热缩式电缆。

二、35 kV 冷缩式电缆终端头制作与安装

本节主要介绍 35 kV 冷缩式电缆终端头制作工艺流程与安装质量要求,以 35 kV 交联聚乙烯三芯电缆为例。

(一) 引用的资料

(1)《电力安全工作规程 电力线路部分》(GB 26859—2011)。

(2)《中压电力电缆技术培训教材》。

(3)《电力电缆施工运行与维护》。

(二) 天气及作业现场要求

(1)施工场地应清理干净,温度、湿度与清洁度应符合要求(温度宜控制在 0~35 ℃,相对湿度应控制在 70%及以下或以附件厂家提供的标准为准)。当浮尘较多、湿度较大或天气变化频繁时,应搭制附件工棚进行隔离,并采取适当措施净化工棚内施工环境。

(2)作业人员应精神状态良好,熟悉工作中保证安全的组织措施和技术措施;严禁酒后作业和作业中玩笑嬉闹。

(3)电缆附件安装完毕应做到工完料净、场地清。

(三) 准备工作

1. 危险点及其预控措施

1)危险点——机械伤害、刀伤

预控措施:作业人员必须戴安全帽、手套等防护用品,正确使用工器具。

2)危险点——电缆挤伤、砸伤人员

预控措施:电缆必须固定可靠。

195

3）危险点——触电伤害

预控措施：确认电缆不带电，安全措施正确、完备。

2. 工器具及材料准备

检查本次工作所需要的工器具与终端配件是否齐全，核对电缆附件与电缆是否匹配（见表4-39、表4-40）。

表4-39　常用工器具

序号	名称	规格型号	单位	数量
1	电锯		台	1
2	美工刀		把	1
3	电动液压接钳	六角模及圆模	台	1
4	平口钳		把	1
5	游标卡尺		把	1
6	手工锯		把	1
7	卷尺	5 m	支	1
8	手锤		把	1
9	温度计		支	1
10	湿度计		支	1
11	锉刀		把	1
12	钢丝刷		把	1
13	平口螺丝刀		把	1

表4-40　附件安装除厂家供应外还需准备的材料

序号	名称	规格型号	单位	数量
1	锯条		根	2
2	电缆清洁纸		袋	1
3	砂纸	120#、240#、400#、600#	张	各2张
4	PVC胶带		卷	5
5	无水酒精	纯度99.7%	瓶	1
6	手套		双	4
7	记号笔		支	1

3. 作业人员分工

35 kV 冷缩式电缆终端头制作与安装共需要操作人员 3 名(工作负责人 1 名、安全监护人员 1 名、操作人员 1 名),作业人员分工如表 4-41 所示。

表 4-41　35 kV 冷缩式电缆终端头制作与安装人员分工

序号	工作岗位	数量(人)	工作职责
1	工作负责人(现场总指挥)	1	负责本次工作任务的人员分工、工作前的现场查勘、现场复勘,办理作业票相关手续、召开工作班前会、落实现场安全措施,负责作业过程中的安全监督、工作中突发情况的处理、工作质量的监督、工作后的总结
2	安全监护人员(安全员)	1	各危险点的安全检查和监护
3	操作人员	1	负责电缆终端头制作与安装

(四)工作流程及操作示例

1. 工作流程

35 kV 冷缩式电缆终端头制作与安装工作流程如表 4-42 所示。

表 4-42　35 kV 冷缩式电缆终端头制作与安装工作流程

序号	作业内容	作业标准	安全注意事项
1	前期准备工作	(1)进行详细的现场勘查。(2)编写工作票及施工作业指导书。(3)及时进行技术交底	(1)现场作业人员正确戴安全帽,穿工作服、工作鞋,戴劳保手套。(2)工作票所列安全措施正确、完备。(3)施工作业指导书应编写规范
2	施工准备	(1)作业人员精神、身体状态良好。(2)施工场地温度、湿度与清洁度应符合要求。(3)对进入施工现场的机具、工器具进行清点、检验或现场试验,确保施工工器具完好并符合相关要求;检查工器具与终端配件是否齐全,核对电缆附件与电缆是否匹配。(4)仔细阅读安装说明书	(1)不安排精神状态不佳、思想情绪异常、疲劳、酒后等影响安全工作的人员参加工作。(2)温度宜控制在 0~35 ℃,相对湿度应控制在70%及以下或以附件厂家提供的标准为准。当浮尘较多、湿度较大或天气变化频繁时应搭制附件工棚进行隔离,并采取适当措施净化工棚内施工环境。(3)逐一清点工器具、材料的数量及型号

续表 4-42

序号	作业内容	作业标准	安全注意事项
3	剥外护套	(1)将电缆矫直、擦净,在外护套切断处做好标记(按照安装说明书执行)。 (2)外护套切口平整	(1)电缆表面应擦拭干净,护套断口以下 100 mm 内用砂纸打毛并清洁干净(按照安装说明书执行)。 (2)电缆外护套切口应平整。 (3)保留端部部分外护套,防止钢铠松散伤人(见图 4-73)
4	剥切钢铠	(1)用恒力弹簧固定钢铠,锯一环形深痕(约为钢铠厚度的 2/3),留钢铠 30 mm,用一字螺丝刀翘起,再用钳子拉开(按照安装说明书执行)。 (2)切口平整无尖端	(1)不得伤及下一层且钢铠不能松脱。 (2)保证剥切尺寸符合要求,切口平整无尖端
5	剥切内护套及填充物	(1)剥除内护套及填充物(按照安装说明书执行)。 (2)内护套、填充物切口应平整	(1)内护套切口应平整,不得损伤铜屏蔽。 (2)填充物剥切应注意刀口向外,保证切口平整,不得损伤铜屏蔽。 (3)每相电缆端部铜屏蔽用 PVC 胶带包扎(顺铜屏蔽缠绕方向),铜屏蔽不得松散,不得严重褶皱、变形
6	接地线安装及胶带缠绕	(1)接地线安装稳固,钢铠接地线与铜屏蔽地线应错开(至少错开 45°)且相互绝缘(见图 4-74)。 (2)在外护套断口下 30 mm 处包绕两层密封胶,然后将两地线拉直紧贴在密封胶上(按照安装说明书执行)。 (3)在外护套断口下 150 mm 处用 PVC 胶带将两地线固定,在原密封胶外再包绕两层密封胶,使其与原密封胶重合(按照安装说明书执行)。 (4)用填充胶带拉伸半重叠缠绕,用填充胶包绕整个接地部分使其平整。 (5)在填充胶表面缠绕两层绝缘自粘胶带,然后缠绕一层 PVC 胶带,以便抽取支撑条	(1)钢铠上的油漆、铁锈应用砂纸打磨并清洁干净。 (2)用恒力弹簧固定接地编织带在钢铠上,并用自粘性绝缘胶带缠绕两层,将恒力弹簧完全覆盖(顺钢铠缠绕方向)。 (3)铜屏蔽根部用砂纸打磨并清洁干净,将铜屏蔽接地线的一头塞入三相线芯中间,再将垫锥塞入,地线在三相线芯根部交叉缠绕并用绝缘自粘带将铜屏蔽恒力弹簧缠绕完全覆盖。 (4)钢铠接地和铜屏蔽接地要求相互绝缘

续表 4-42

序号	作业内容	作业标准	安全注意事项
7	安装分支手套及冷缩直管	(1)分支手套套入电缆三叉根部后,将指端的支撑条各抽出1~3圈,再将指套往电缆三叉根部推放到位(按照安装说明书执行)。 (2)收缩完成后在指套底端与外护套连接处用绝缘自粘胶带缠绕两层后再用PVC胶带缠绕两层。 (3)防止铜屏蔽带翘边割伤冷缩管和方便抽取支撑条,在分支手套指端端部向上用PVC胶带将铜屏蔽通体绕包一层(按照安装说明书施工),长度为300 mm。 (4)画印安装冷缩直管(按照安装说明书执行)	(1)抽出支撑条时,先抽大端口,然后分别抽出指端撑条。分支手套收缩后三叉口无空隙。 (2)冷缩直管安装时应注意方向(抽出方向指向电缆端部),逆时针抽出支撑条使冷缩管收缩。 (3)抽出衬管条不得损伤铜屏蔽层
8	剥切铜屏蔽层、外半导电层及主绝缘	(1)剥切尺寸符合要求(按照安装说明书执行)。 (2)在三相绝缘管上分别包绕与原电缆相序相对应的PVC胶带。 (3)绝缘断口处做 3 mm/45°倒角,线芯端部用PVC胶带粘面朝外缠绕保护	(1)剥切铜屏蔽层时不得损伤外半导电层,切口平整无尖端毛刺、无飞边。 (2)剥切外半导电层时不得损伤绝缘层,断口圆整、无气隙。 (3)剥除线芯绝缘层时不能划伤线芯且线芯不得松散,线芯端部应打磨,不应有尖端毛刺
9	铜屏蔽层、绝缘屏蔽层断口及主绝缘表面处理	(1)按照安装说明书进行绝缘屏蔽层断口处理。 (2)打磨后,外半导电层端口应平齐,与绝缘层圆滑过渡。 (3)主绝缘表面无刀痕、凹槽、半导电颗粒。 (4)绕包半导电带时应去掉隔离膜,拉伸 200%左右从铜屏蔽层半搭接至主绝缘层上一个来回(按照安装说明书执行)。 (5)半导电层断口扎紧,防止收缩冷缩终端时被支撑条带出	(1)外半导电层端部切削打磨时,注意不得损伤绝缘层。 (2)用砂纸打磨绝缘层,使用砂纸应按型号由大(粗)到小(细)顺序打磨,将半导电层残留打磨干净且无刀痕、凹槽打磨平整光滑。绝缘层打磨完毕后应使用游标卡尺测量绝缘外径,符合安装说明书要求。 (3)打磨完毕后应抛光再用清洁纸对表面进行清洁,清洁方向应从绝缘层向半导电层清洁,不能来回清洁

续表 4-42

序号	作业内容	作业标准	安全注意事项
10	安装冷缩终端	(1)核对线芯相序,用相色胶带做安装基准线标示(按照安装说明书执行)。 (2)正确套入冷缩终端(支撑条抽出方向指向端部),冷缩终端端部与安装基准线齐平(见图4-75)。 (3)涂抹硅脂应戴一次性专用PE手套	(1)用清洁纸从绝缘层断口向下清洁电缆绝缘表面,不可来回进行清洁。 (2)将硅脂均匀涂抹在电缆绝缘层表面,不能涂在半导电层上。 (3)在终端收缩过程中应再次核对端部是否与基准线齐平,并及时调整。 (4)用清洁纸清洁冷缩终端端部与搭界处冷缩护套管,在端部绕包4层PVC胶带加强密封
11	压接接线端子及端子密封	(1)电缆端子压接时,将端子调至方向一致。 (2)压接前应对接线端子画印。 (3)打磨接线端子上的压痕及尖角,使其光滑并清洗干净。 (3)用密封胶填平端子与绝缘层之间的缝隙(见图4-76),在端子上与绝缘层之间绕包两层密封胶,并且与电缆绝缘层搭接10 mm。 (4)用绝缘自粘带在密封胶外通体绕包,绕包至约与主绝缘同径。 (5)套入密封管搭接冷缩终端并使其覆盖压接部分接线端子	(1)用清洁纸清洁线芯绝缘处硅脂,在绝缘层上用PVC胶带粘面朝外包扎,防止金属粉末进入终端。 (2)去掉线芯端部的PVC胶带,用砂带打磨去除线芯表面氧化层
12	安全文明施工及现场清理	(1)工具、材料不应掉落地面。 (2)正确使用工具。 (3)操作过程中不得有划伤伤害。 (4)工具不得损坏。 (5)安装完成后及时清理现场,做到工完料净、场地清	清洁成品,及时清理施工现场

2. 操作示例图

操作示例图见图 4-73～图 4-76。

(五)相关知识

35 kV 冷缩式电缆终端头制作工艺适用于 35 kV 及以下交联预制式电缆。

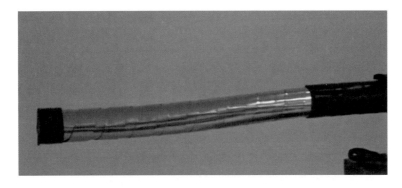

图 4-73　保留端部部分外护套,防止钢铠松散伤人

图 4-74　钢铠接地线与铜屏蔽地线应错开(至少错开 45°)且相互绝缘

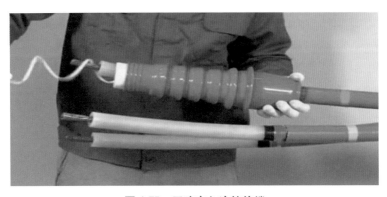

图 4-75　正确套入冷缩终端

三、35 kV 热缩式电缆中间接头制作与安装

本节主要以 35 kV 交联聚乙烯三芯电缆为例介绍 35 kV 热缩式电缆中间接头制作工艺流程与安装质量要求。

(一)引用的资料

(1)《电力安全工作规程 电力线路部分 》(GB 26859—2011)。

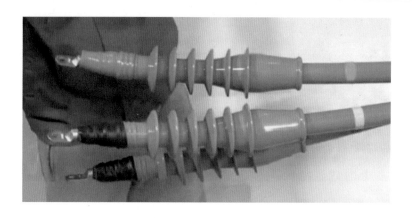

图 4-76　用密封胶填平端子与绝缘层之间的缝隙

(2)《电力安全工作规程 发电厂和变电站电气部分》(GB 26860—2011)。

(3)《中压电力电缆技术培训教材》。

(4)《电力电缆施工运行与维护》。

(5)《额定电压 1 kV(U_m = 1.2 kV)到 35 kV(U_m = 40.5 kV)挤包绝缘电力电缆及附件 第 3 部分:额定电压 35 kV(U_m = 40.5kV)电缆》(GB/T 12706.3—2020)。

(6)《额定电压 1 kV(U_m = 1.2 kV)到 35 kV(U_m = 40.5 kV)挤包绝缘电力电缆及附件 第 4 部分:额定电压 6 kV(U_m = 7.2 kV)到 35 kV(U_m = 40.5 kV)电力电缆附件试验要求》(GB/T 12706.4—2020)。

(7)《额定电压 6 kV(U_m = 7.2 kV)到 35 kV(U_m = 40.5 kV)电力电缆附件试验方法》(GB/T 18889—2002)。

(8)《额定电压 1 kV(U_m = 1.2 kV)到 35 kV(U_m = 40.5 kV)电力电缆热收缩式终端》(JB/T 7829—2006)。

(9)《额定电压 35 kV(U_m = 40.5 kV)及以下热缩式电缆附件安装规程》(DL/T 5757—2017)。

(二)天气及作业现场要求

1. 安装环境要求

(1)电缆中间接头施工所涉及场地如工井、敞开井或沟(隧)道的土建工作及装修工作应在电缆中间接头安装前完成。施工场地应清理干净,没有积水、杂物。

(2)电缆中间接头安装时,应严格控制施工现场的温度、湿度和清洁度。温度宜控制在 0~35 ℃,相对湿度应控制在 70% 及以下或以附件厂家提供的工艺要求为准。当浮尘较多、湿度较大或天气变化频繁时应搭制附件工棚进行隔离,并采取适当措施净化施工环境。

2. 安装质量要求

(1)电缆附件安装质量应满足以下要求:导体连接可靠、绝缘恢复满足设计要求、密封防水牢靠、防止机械振动与损伤、接地连接可靠且符合线路接地设计要求。

（2）电缆附件安装质量应满足工井或电缆通道防火封堵的要求,并与周边环境协调。

（3）电缆附件安装范围的电缆必须矫直、固定,还应检查电缆敷设弯曲半径是否满足要求。

（4）电缆附件安装时应确保接地线连接处密封牢靠,无潮气进入。

3. 安全环境要求

（1）电缆附件安装措施应符合 GB 26859—2011 和 GB 26860—2011 的规定。

（2）电缆附件安装消防措施应满足施工所处环境的消防要求,施工现场应配备足够的消防器材。施工现场动火应严格按照有关动火作业消防管理规定执行。

（3）电缆接头应与其他邻近电缆和接头保持足够的安全距离,必要时应采取防爆、防水措施。

（4）电缆附件施工完成后,应拆除施工用电源,清理施工现场,分类处理施工垃圾,确保施工不污染环境。

（三）准备工作

1. 危险点及其预控措施

1）危险点——机械伤害、刀伤

预控措施如下:

（1）作业人员必须戴安全帽、手套等防护用品,正确使用工器具;

（2）用刀或其他切割工具时,正确控制切割方向。

2）危险点——电缆挤伤、砸伤人员

预控措施如下:

（1）电缆必须固定可靠;

（2）搬运电缆附件人员应相互配合,轻搬轻放,不得抛接。

3）危险点——触电伤害

预控措施如下:

①确认电缆不带电,安全措施正确、完备;

②使用移动电气设备时必须装设漏电保护器。

4）危险点——人员烧伤、烫伤

预控措施:使用液化气枪应先检查液化气瓶、减压阀,点火时火头不准对人,以免人员烫伤,其他工作人员应与火头保持一定距离,用后及时关闭阀门。

2. 工器具及材料准备

检查本次工作所需要的工器具与终端配件是否齐全,核对电缆附件与电缆是否匹配（见表 4-43、表 4-44）。

电力电缆基础知识及施工技术

表 4-43　常用工器具

序号	名称	规格型号	单位	数量
1	电锯		台	1
2	美工刀		把	1
3	电动液压接钳	六角模及圆模	台	1
4	平口钳		把	1
5	游标卡尺		把	1
6	手工锯		把	1
7	卷尺	5 m	支	1
8	手锤		把	1
9	温度计		支	1
10	湿度计		支	1
11	锉刀		把	1
12	钢丝刷		把	1
13	平口螺丝刀		把	1
14	烙铁		把	1
15	燃气罐、喷枪		套	1
16	焊锡丝		卷	1
17	焊锡膏		盒	1

表 4-44　附件安装除厂家供应外还需准备的材料

序号	名称	规格型号	单位	数量
1	锯条		根	2
2	电缆清洁纸		袋	1
3	砂纸	120#、240#、400#、600#	张	各 2 张
4	PVC 胶带		卷	5
5	无水酒精	纯度 99.7%	瓶	1
6	手套		双	4
7	记号笔		支	1
8	密封带		卷	
9	铜绑线		根	

3. 作业人员分工

35 kV 热缩式电缆中间接头制作与安装共需要操作人员 3 名(工作负责人 1 名、安全监护人员 1 名、操作人员 1 名),作业人员分工如表 4-45 所示。

表 4-45 35 kV 热缩式电缆中间接头制作与安装人员分工

序号	工作岗位	数量(人)	工作职责
1	工作负责人 (现场总指挥)	1	负责本次工作任务的人员分工、工作前的现场查勘、现场复勘,办理作业票相关手续、召开工作班前会、落实现场安全措施,负责作业过程中的安全监督、工作中突发情况的处理、工作质量的监督、工作后的总结
2	安全监护人员(安全员)	1	各危险点的安全检查和监护
3	操作人员	1	负责电缆中间接头制作与安装

(四)工作流程及操作示例

1. 工作流程

35 kV 热缩式电缆中间接头制作与安装工作流程如表 4-46 所示。

表 4-46 35 kV 热缩式电缆中间接头制作与安装工作流程

序号	作业内容	作业标准
1	安装前检查	(1)电缆沟规格符合施工图纸要求。 (2)电缆沟内应干燥、无砂石、无污水,符合安装要求。 (3)对安装环境进行拍照,至少包含以下信息:安装时间、环境温度和湿度、整体安装背景
2	电缆检查	(1)核对施工图纸,电缆相位是否正确。 (2)检查电缆的弯曲半径是否符合要求并确认电缆无损伤、受潮现象。 (3)根据电缆相位调整电缆。 (4)根据工艺要求将电缆端部锯齐
3	剥除电缆护套、铠装	根据工艺要求剥除护套和铠装
4	切除铜屏蔽、绝缘屏蔽和绝缘	(1)根据工艺要求剥除铜屏蔽。 (2)根据工艺要求剥除绝缘屏蔽,勿划伤主绝缘。 (3)根据工艺要求剥除绝缘
5	半导电 屏蔽层断口、 主绝缘处理	(1)过渡坡下端口开始至主绝缘末端口区域用 240#、400# 砂纸进行处理。 (2)绝缘应处理平滑、圆整。 (3)屏蔽层断口与绝缘之间平滑过渡,不得有明显凹凸痕迹。 (4)测量并记录两方向的绝缘外径和外半导电层外径。 (5)此步骤完成后进行拍照

续表 4-46

序号	作业内容	作业标准
6	收缩应力管	(1)在外半导电层断口处缠绕应力疏散胶,搭接绝缘层及外半导电层。 (2)在绝缘层表面均匀薄涂一层硅脂膏,应避免涂在外半导电层上。 (3)套入应力管,根据工艺要求搭盖半导电层,加热固定。 (4)此步骤完成后对应力管收缩情况进行拍照
7	清洁电缆绝缘层和半导电层	用清洁纸清洁电缆绝缘层和半导电层,一次性从绝缘层往半导电层方向清洁,不要来回抹
8	套入管材及附件	根据需求将管材及附件套入接头两端
9	导体连接	(1)导体连接前,测量导体外径、连接管内径。 (2)将两端电缆导体线芯穿入导体连接管,确保两端导体线芯端面位于导体连接管中心部位并顶紧后,用相对应的压接模具将导体连接管与导体线芯压接为一体至符合要求。 (3)用锉刀和砂纸修去压接飞边,打磨平整,清洁导体连接处,后用半导电带半搭接绕包导体连接管连接两端半导电层;再根据工艺要求缠绕填充胶带。 (4)此步骤完成后对电缆连接情况进行拍照
10	收缩绝缘管、半导管	(1)清洁线芯绝缘体及应力管表面,清洁时从连接管处向应力管方向擦。 (2)使用应力疏散胶将应力管与绝缘体间的台阶填平,各搭接约 5 mm,在绝缘层、应力管及填充胶表面均匀涂一层硅脂。 (3)将绝缘管拉至中间部位,自中间向两端收缩,根据设计层数重复收缩。 (4)将收缩好的绝缘管两端缠绕密封胶,将半导管拉至中心部位加热收缩
11	恢复金属屏蔽	将铜网和编织地线用恒力弹簧或焊接方式固定于金属屏蔽上,打平毛刺;再用 PVC 胶带包两层

续表 4-46

序号	作业内容	作业标准
12	内护套层恢复	(1)打磨内护层并清洁干净,在内护层两端分别缠绕约 20 mm 宽、1~2 mm 高的密封胶作为阻水层。 (2)将热缩护套管拉至铠装端口部位加热收缩,两热缩管搭接处缠绕密封阻水层
13	连接铠装	(1)将三相电缆尽量整理成平直状态,然后在两端电缆的内护层断口处用宽 PVC 胶带以半搭盖的方式绕包一层。 (2)靠近铠装,从一端的内护套往另一端内护套包绕防水带,拉伸 200%,以半搭盖的方式包绕一层。 (3)打磨铠装,用恒力弹簧固定铜编织带在两端的钢铠上,然后打平毛刺,用 PVC 胶带绕包两层
14	外护层防水处理	(1)打磨外护层并清洁干净,在外护层两端分别缠绕约 20 mm 宽、1~2 mm 高的密封胶作为阻水层。 (2)将热缩护套搭接外护层 100 mm,加热收缩,两热缩管搭接处缠绕密封阻水层。 (3)此步骤完成后对附件整体安装情况进行拍照
15	安全文明施工及现场清理	(1)将电缆终端可靠固定在电缆支架上。 (2)对整体安装情况进行拍照。 (3)清理所有安装工具并打扫干净现场

2. 操作示例图

电缆绝缘表面直径测量示意图如图 4-77 所示。

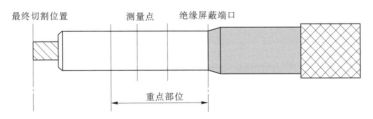

图 4-77 电缆绝缘表面直径测量

导体压接时压接顺序和压痕距离如图 4-78 和表 4-47 所示。

- 段

本段电力电缆基础知识及施工技术

—— 本段作废 ——

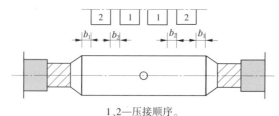

1、2—压接顺序。

图 4-78　压接时的压接顺序和压痕距离

表 4-47　压痕间距及其与圆筒端部距离尺寸 （单位：mm）

导体标称截面面积（mm²）	铜压接圆筒		铝压接圆筒	
	与圆筒端部距离	压痕间距	与圆筒端部距离	压痕间距
	b_1	b_2	b_1	b_2
10	3	3	3	3
16	3	4	3	3
25	3	4	3	3
35	3	4	3	3
50	3	4	5	3
70	3	5	5	3
95	3	5	5	3
120	3	5	5	4
150	4	6	5	4
185	4	6	5	5
240	4	6	6	5
300	5	7	7	6
400	8	7	7	6

（五）相关知识

35 kV 热缩式电缆中间接头制作工艺适用于 35 kV 及以下交联热缩式电缆。

四、35 kV 冷缩式电缆中间接头制作与安装

本节主要介绍 35 kV 冷缩式电缆中间接头制作工艺流程与安装质量要求，以 35 kV 交联聚乙烯三芯电缆为例。

（一）引用的资料

（1）《电力安全工作规程 电力线路部分》（GB 26859—2011）。

（2）《中压电力电缆技术培训教材》。

（3）《电力电缆施工运行与维护》。

(二)天气及作业现场要求

(1)施工场地应清理干净,温度、湿度与清洁度应符合要求(温度宜控制在 0~35 ℃,相对湿度应控制在 70%及以下或以附件厂家提供的标准为准)。当浮尘较多、湿度较大或天气变化频繁时应搭制附件工棚进行隔离,并采取适当措施净化工棚内施工环境。

(2)作业人员应精神状态良好,熟悉工作中保证安全的组织措施和技术措施;严禁酒后作业和作业中玩笑嬉闹。

(3)施工完毕应做到工完料净、场地清。

(三)准备工作

1.危险点及其预控措施

1)危险点——机械伤害、刀伤

预控措施:作业人员必须戴安全帽、手套等防护用品,正确使用工器具。

2)危险点——电缆挤伤、砸伤人员

预控措施:电缆必须固定可靠。

3)危险点——触电伤害

预控措施:确认电缆不带电,安全措施正确、完备。

2.工器具及材料准备

检查本次工作所需要的工器具与终端配件是否齐全,核对电缆附件与电缆是否匹配(见表 4-48、表 4-49)。

表 4-48　常用工器具

序号	名称	规格	单位	数量
1	电锯		台	1
2	美工刀		把	1
3	电动液压接钳	六角模及圆模	台	1
4	平口钳		把	1
5	游标卡尺		把	1
6	手工锯		把	1
7	卷尺	5 m	支	1
8	温度计		支	1
9	湿度计		支	1
10	锉刀		把	1
11	钢丝刷		把	1
12	平口螺丝刀		把	1

电力电缆基础知识及施工技术

表 4-49　附件安装除厂家供应外还需准备的材料

序号	名称	规格	单位	数量
1	电锯条		根	2
2	电缆清洁纸		袋	1
3	保鲜膜		卷	2
4	砂纸	120#、240#、400#、600#	张	各2张
5	PVC胶带		卷	5
6	玻璃片	100 mm×20 mm×2 mm	块	10
7	无水酒精	纯度 99.7%	瓶	1
8	手套		双	4
9	记号笔		支	1

3. 作业人员分工

35 kV 冷缩式电缆中间接头制作与安装共需要操作人员 4 名(工作负责人 1 名、安全监护人员 1 名、操作人员 2 名),作业人员分工如表 4-50 所示。

表 4-50　35 kV 冷缩式电缆中间接头制作与安装人员分工

序号	工作岗位	数量(人)	工作职责
1	工作负责人 (现场总指挥)	1	负责本次工作任务的人员分工、工作前的现场查勘、现场复勘,办理作业票相关手续、召开工作班前会、落实现场安全措施,负责作业过程中的安全监督、工作中突发情况的处理、工作质量的监督、工作后的总结
2	安全监护人员(安全员)	1	各危险点的安全检查和监护
3	操作人员	2	负责电缆中间接头制作与安装

(四)工作流程及操作示例

1. 工作流程

35 kV 冷缩式电缆中间接头制作与安装工作流程如表 4-51 所示。

表 4-51　35 kV 冷缩式电缆中间接头制作与安装工作流程

序号	作业内容	作业标准	安全注意事项
1	前期准备工作	(1)进行详细的现场勘查。 (2)编写工作票及施工作业指导书。 (3)及时进行技术交底	(1)现场作业人员正确戴安全帽,穿工作服、工作鞋、戴劳保手套。 (2)工作票所列安全措施正确、完备。 (3)施工作业指导书应编写规范

续表 4-51

序号	作业内容	作业标准	安全注意事项
2	施工准备	（1）作业人员精神、身体状态良好。 （2）施工场地温度、湿度与清洁度应符合要求。 （3）对进入施工现场的机具、工器具进行清点、检验或现场试验，确保施工工器具完好并符合相关要求；检查工器具与终端配件是否齐全，核对电缆附件与电缆是否匹配。 （4）仔细阅读安装说明书	（1）不安排精神状态不佳、思想情绪异常、疲劳、酒后等影响安全工作的人员参加工作。 （2）温度宜控制在 0~35 ℃，相对湿度应控制在 70% 及以下或以附件厂家提供的标准为准。当浮尘较多、湿度较大或天气变化频繁时应搭制附件工棚进行隔离，并采取适当措施净化工棚内施工环境。 （3）逐一清点工器具、材料的数量及型号
3	剥外护套	（1）将电缆矫直、擦净，将待对接电缆端部重叠约 300 mm，在外护套切断处做好标记（按照安装说明书执行）（见图 4-79）。 （2）外护套切口平整	（1）电缆表面应擦拭干净，护套断口以下 100 mm 内用砂纸打毛并清洁干净（按照安装说明书执行）。 （2）电缆外护套切口应平整。 （3）保留端部部分外护套，防止钢铠松散伤人
4	剥切钢铠	（1）用恒力弹簧固定钢铠，锯一环形深痕（约为钢铠厚度的 2/3），留钢铠 30 mm，用一字螺丝刀翘起，再用钳子拉开（按照安装说明书执行）。 （2）切口平整无尖端	（1）处理钢铠层上的油漆、铁锈，并用锉刀（或钢丝刷）打毛，剥切时不得伤及下一层且钢铠不能松脱。 （2）剥切尺寸符合要求，切口平整无尖端
5	剥切内护套及填充物	（1）剥除内护套及填充物（按照安装说明书执行）。 （2）内护套、填充物切口应平整。 （3）按安装说明书尺寸锯除三相多余电缆，电缆三相端部应齐平（见图 4-80）	（1）内护套切口平整，不得损伤铜屏蔽。 （2）填充物剥切应注意刀口向外，保证切口平整，不得损伤铜屏蔽。 （3）每相电缆端部铜屏蔽用 PVC 胶带包扎（顺铜屏蔽缠绕方向），铜屏蔽不得松散，不得存在严重褶皱、变形

续表 4-51

序号	作业内容	作业标准	安全注意事项
6	剥切铜屏蔽层、外半导电层及主绝缘	(1)剥切尺寸符合要求(实际按照安装说明书执行)。 (2)在三相铜屏蔽层上分别包绕与原电缆相序相对应的 PVC 胶带。 (3)线芯端部用 PVC 胶带粘面朝外缠绕保护	(1)剥切铜屏蔽层时不得损伤外半导电层,切口平整,无尖端毛刺、无飞边。 (2)剥切外半导电层时不得损伤绝缘层,断口圆滑、平整无气隙。 (3)剥除线芯绝缘层时不能划伤线芯且线芯不得松散
7	绝缘屏蔽层断口及主绝缘表面处理	(1)绝缘屏蔽层断口处理(实际按照安装说明书执行)。 (2)打磨后,外半导电层端口应平齐,与绝缘层圆滑过渡。 (3)打磨主绝缘表面刀痕、凹槽、半导电颗粒(见图 4-81)。 (4)绝缘断口处做 3 mm/45°倒角	(1)外半导电层端部切削打磨时,注意不得损伤绝缘层,打磨半导电层的砂纸不得用来打磨绝缘层。 (2)用砂纸打磨绝缘层,使用砂纸应按型号从大(粗)到小(细)顺序打磨,将半导电层残留打磨干净且刀痕、凹槽打磨平整光滑。 (3)绝缘断口倒角不得伤及线芯且倒角圆滑、平整。 (4)绝缘层打磨完毕后应使用游标卡尺测量绝缘外径,符合安装说明书要求。 (5)打磨完毕后应抛光再用清洁纸对表面进行清洁,清洁方向应从绝缘层向半导电层清洁,不能来回清洁
8	套入中间接头绝缘主体及对接管压接	(1)中间接头绝缘主体应套入电缆剥切长的一端,且支撑条抽出方向也应指向长的一端(见图 4-82)。 (2)压接前对接管应画印且应先压中间后压两端,保持压力 10~15 s 再松开压模。 (3)压接后,电缆的两个绝缘端部的距离应符合安装说明书要求(见图 4-83)	(1)中间接头绝缘主体和电缆绝缘层应用保鲜膜临时包裹保护(见图 4-84)。 (2)打磨线芯氧化层,线芯端部不应有尖端毛刺,清洁线芯及线芯上的半导电残留物。 (3)清洁对接管内壁氧化层,压接后打磨对接管上的压痕及尖角,使其光滑并清洗干净,处理对接管(按照安装说明书执行)

续表 4-51

序号	作业内容	作业标准	安全注意事项
9	安装中间接头绝缘主体及防水处理	（1）做好定位基准线（按照安装说明书执行）。 （2）中间接头绝缘主体端部应与安装定位基准线齐平。 （3）逆时针方向抽出支撑条。 （4）中间接头绝缘主体端部做好防水处理。 （5）确定电缆的两个绝缘端部的中心位置（按照安装说明书执行）（见图 4-85）。 （6）清洁中间接头绝缘主体端部及电缆外半导电层，用防水胶带缠绕 2~3 层，搭接绝缘主体端部及电缆外半导电层约 30 mm，并在防水胶带表面缠绕一层半导电带，搭接铜屏蔽层约 15 mm（按照安装说明书执行）（见图 4-86）	（1）去掉保护膜，用清洁纸对绝缘表面进行清洁，清洁方向应从绝缘层向半导电层清洁，不能来回清洁且清洁纸不能重复使用。 （2）将硅脂均匀涂抹在电缆绝缘层表面，不能涂在半导电层上。 （3）中间接头绝缘主体安装位置不得有导电物或其他残留物
10	恢复铜屏蔽层	铜网采用半搭接方式缠绕紧密，搭接两端铜屏蔽层约 50 mm，铜编织带用恒力弹簧（或铜扎线）固定在铜网及铜屏蔽层上（见图 4-87）	（1）按照安装说明书执行。 （2）电缆三相应使用 PVC 胶带（或布绑扎带）扎紧
11	恢复内护套层	从一端钢铠层断口至另一端钢铠层断口用防水胶带拉伸 200%，采用半搭接方式缠绕紧密，并在防水胶带表面采用 1/3 搭接方式缠绕一层宽 PVC 胶带（见图 4-88）	按照安装说明书执行。
12	恢复钢铠层	铜编织带用恒力弹簧固定在两端钢铠层上并缠绕紧密（按照安装说明书执行）	（1）在恒力弹簧上缠绕一层 PVC 胶带。 （2）内、外两层铜编织带要求相互绝缘

续表 4 51

序号	作业内容	作业标准	安全注意事项
13	恢复外护套层	从一端外护套层至另一端外护套层用防水胶带拉伸 200%,采用半搭接方式缠绕紧密,搭接外护套层约 120 mm,在防水胶带表面采用 1/3 搭接方式缠绕一层宽 PVC 胶带,搭接外护套层约 60 mm	(1)按照安装说明书执行。 (2)防水胶带的胶粘层应紧贴外护套
14	铠装带安装	按照安装说明书执行	(1)铠装带采用半搭接方式缠绕紧密。 (2)铠装带尾部用宽 PVC 胶带缠绕一层。 (3)必须在铠装带胶层完全固化后,方可移动接头
15	安全文明施工及现场清理	(1)工具、材料不应掉落地面。 (2)正确使用工具。 (3)操作过程中不得有划伤伤害。 (4)工具不得损坏。 (5)安装完成后及时清理现场,做到工完料净、场地清	清洁成品,电缆接头固定及挂标志牌,及时清理施工现场

2. 操作示例图

操作示例图见图 4-79 ~ 图 4-88。

图 4-79　电缆矫直、擦净,将待对接电缆端部重叠

图 4-80　锯除三相多余电缆,电缆三相端部齐平

图 4-81　打磨主绝缘表面刀痕、凹槽、半导电颗粒

图 4-82　中间接头绝缘主体套入电缆剥切长的一端,且支撑条抽出方向指向长的一端

图 4-83　压接后电缆的两个绝缘端部的距离应符合安装说明书要求

图 4-84　中间接头绝缘主体和电缆绝缘层用保鲜膜临时包裹保护

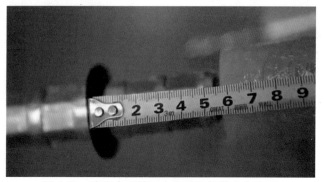

图 4-85　确定电缆的两个绝缘端部的中心位置

图 4-86 中间接头绝缘主体端部及电缆外半导电层的处理

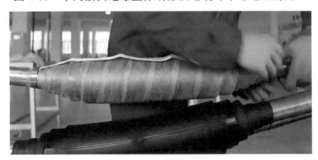

图 4-87 恢复铜屏蔽层

图 4-88 恢复内护套层

（五）相关知识

35 kV 冷缩式电缆中间接头制作工艺适用于 35 kV 及以下交联预制式电缆。

参 考 文 献

[1] 黄威,夏新民,等.电力电缆头制作与故障测寻[M].3版.北京:化学工业出版社,2007.

[2] 杨德林.电力电缆岗位技能培训教材[M].北京:中国电力出版社,2007.

[3] 魏华勇,孙启伟,彭勇,等.电力电缆施工与运行技术[M].北京:中国电力出版社,2013.